铜合金半固态成形理论与工艺

肖寒 著

北京
冶金工业出版社
2023

内 容 提 要

本书系统介绍了铜合金半固态坯料制备、铜合金半固态坯料单向压缩及非单向压缩变形行为和铜合金半固态挤压成形等，提出了多向锻造—重熔及多向轧制—重熔制备铜合金半固态坯料的方法，研究了两种方法制备的铜合金半固态坯料组织特征和球化组织形成机理；采用热物理模拟方法，研究了单向压缩与非单向压缩铜合金半固态坯料变形行为和组织演变，开展了圆盘类铜合金零件半固态成形技术研究。

本书可供从事塑性成形、铜合金加工等研究人员和工程技术人员阅读，也可作为相关专业本科生、研究生的参考书。

图书在版编目 (CIP) 数据

铜合金半固态成形理论与工艺/肖寒著. —北京：冶金工业出版社，2023.10

ISBN 978-7-5024-9659-3

Ⅰ.①铜⋯ Ⅱ.①肖⋯ Ⅲ.①铜合金—成型—工艺 Ⅳ.①TG146.1

中国国家版本馆 CIP 数据核字 （2023） 第 208838 号

铜合金半固态成形理论与工艺

出版发行	冶金工业出版社	**电　话**	(010)64027926
地　址	北京市东城区嵩祝院北巷 39 号	**邮　编**	100009
网　址	www.mip1953.com	**电子信箱**	service@ mip1953.com

责任编辑　郭雅欣　美术编辑　吕欣童　版式设计　郑小利
责任校对　葛新霞　责任印制　窦　唯

三河市双峰印刷装订有限公司印刷
2023 年 10 月第 1 版，2023 年 10 月第 1 次印刷
710mm×1000mm　1/16；16 印张；309 千字；243 页
定价 96.00 元

投稿电话　(010)64027932　投稿信箱　tougao@cnmip.com.cn
营销中心电话　(010)64044283
冶金工业出版社天猫旗舰店　yjgycbs.tmall.com
（本书如有印装质量问题，本社营销中心负责退换）

前　　言

为了适应国家"节能、减排、增效、降耗"的政策方针，结构件的成形制造技术正向着精密、近净成形方向飞速发展。其中半固态成形技术是一种生产精密零件的近净成形技术，因此越来越多的研究人员被半固态成形技术所吸引。作为一项颇具应用前景的技术，它能够提高材料性能，减少生产成本，提高生产效率等。

近年来，国内外科研人员在铜合金半固态成形技术方面取得了一些重要成果，但是，对铜合金半固态成形技术的研究还不够深入。而铜合金圆盘类零件由于其高精度、高强度等优点在航空、汽车等领域应用越来越广泛，因此有必要深入研究铜合金半固态成形理论与工艺。基于此，作者系统介绍了铜及铜合金半固态成形技术的发展和应用，通过多向锻造—重熔制备和多向轧制—重熔制备两种方法制备铜合金半固态坯料，并研究了各种工艺参数对其组织的影响，阐述了铜合金半固态坯料球化组织的形成机理，深入探讨了铜合金半固态坯料单向压缩、非单向压缩变形行为及组织演变规律，同时还介绍了在铜合金半固态成形中圆盘类铜合金零件的半固态成形技术和热处理工艺对ZCuSn10铜合金半固态挤压组织的影响规律。

本书共分七章。第 1 章介绍了铜及铜合金的特点、金属半固态成形技术、应变诱发熔化激活法制备半固态坯料及铜合金半固态成形研究现状。第 2 章介绍了多向锻造—重熔制备铜合金半固态坯料及其组织特征，主要包括多向锻造对铜合金铸态组织的影响、重熔工艺参数对铜合金半固态组织的影响、多向锻造与重熔制备铜合金半固态坯料存在的问题。第 3 章详解阐述了多向轧制—重熔制备铜合金半固态坯料及其组织特征，包括冷、热轧制对铜合金铸态组织的影响，冷、热轧制与重熔制备铜合金半固态坯料的组织特征，工艺参数对冷轧与重熔制备铜合金半固态组织的影响。第 4 章阐述了铜合金半固态坯料球化组织的形成机理，重点包括铸态 ZCuSn10 铜合金不同保温时间的组织演变、铜合金半固态不同保温时间的组织演变、铜合金半固态组织演变机理。第 5 章阐述了单向压缩铜合金半固态坯料的变形行为和组织演变，主要包括铜合金半固态坯料单向压缩变形方法及半固态 ZCuSn10 铜合金单向压缩组织特征、压缩变形组织演变规律、单向压缩真应力-应变特征、本构模型、压缩变形组织及应力和压缩变形机制等。第 6 章系统阐述了非单向压缩铜合金半固态坯料变形行为和组织演变，主要包括半固态铜合金模拟充型过程的组织演变规律、充型条件对半固态铜合金充型行为的影响、铸态铜合金半固态温度区间充型试验、充型过程固-液流动的演变机制。第 7 章详细介绍了圆盘类铜合金零件半固态成形技术，主要包括圆盘类铜合金零件半固态成形方法、制浆工艺参数、挤压工艺参数和热处理工艺对半固态挤压铜合金组织的影响及铜合金半固态力学性能特征。

　　本书的相关研究内容得到了国家自然科学基金（项目号：51965028、51665024）、高等学校博士学科点专项科研基金项目（项目号：20125314120013）、云南省科技厅应用基础研究面上项目（项目号：2014FB131）等项目的资助；本书内容的开展和书稿撰写得到了昆明理工大学周荣教授、蒋业华教授、周荣锋教授、卢德宏教授等的大力支持和帮助；研究生吴龙彪、胡海莲、邱集明、陆常翁等参与本书的部分研究工作，研究生周瑀杭、陈昊、张庆彪参与书稿的整理工作，在此一并表示感谢。

由于作者水平所限，书中不足之处，恳请广大读者批评指正。

作　者

2023 年 3 月

目　　录

1 绪 论

1.1 铜及铜合金概述

铜是人类最早利用的有色金属之一，铜和铜合金广泛应用于各工业领域，可以说，人类文明与铜的使用有着紧密的关联。随着工业技术日新月异的发展，铜和铜合金的作用日益突出。

铜应用最广、用量最大的是在电气和电子工业，占铜消耗总量的50%以上，其主要用于各种电缆、开关、印刷线路板及电机的制造；在机械和运输车辆制造中，用于制造工业阀门和配件、仪表、滑动轴承、模具、热交换器等。随着铜的广泛应用和科学技术的发展，人们还发现铜有非常好的医学用途。20世纪70年代，我国医学发明家刘同庆和刘同乐研究发现，铜元素还有良好抗癌功能，并根据此功能研发出了抗癌药物，并且已经在临床上取得成功。

铜合金是在纯铜中加入其他金属或非金属元素所构成的一种合金材料。按照合金成分的不同常用铜合金分为黄铜、青铜、白铜三大类，而纯铜通常呈紫红色，故称为紫铜。白铜是以镍为主要添加元素的铜合金，黄铜是由铜和锌所组成的合金，除黄铜、白铜以外的铜合金均称为青铜。铜合金材料在电气工业、交通运输业、轻工业、电子工业、能源石化工业、建筑和艺术、机械冶金业等方面的应用非常广泛[1-2]。

青铜是以 Sn、Al、Be、Si、Mn、Cr、Cd、Zr、Ag、Fe、Mg、Te 等为主要合金元素的铜合金，可分为加工青铜与铸造青铜两大类。按其合金元素名称将青铜细分为锡青铜、铝青铜、铍青铜、硅青铜、锰青铜、铬青铜等。

锡青铜[3]是含有铜、锡和磷的合金。锡青铜含有 0.5%~11% 的锡和 0.01%~0.35% 的磷。锡的加入增加了合金的耐蚀性和强度，磷则增加了合金的耐磨性和刚度。锡青铜具有优良的弹性、高的抗疲劳性能、很好的成型性和可焊性及高的抗腐蚀性能。锡青铜首先应用于电气产品，其他的用途包括耐蚀的波纹管、横隔板和弹簧垫圈等。

锡青铜在非平衡条件下凝固时，凝固温度范围扩大、α 相区缩小、δ 相来不及分解，故在铸造锡青铜中一般不出现 α+(α+ε) 组织，而是 α+(α+δ) 组织。α 相为面心立方时，晶格常数 $a = 0.37053nm$；δ 相为复杂立方晶格时，

$a = 1.7960nm$，其对应式为 $Cu_{31}Sn_8$，电子浓度为 21/13。锡青铜结晶温度间隔大，α 相常以枝晶组织出现，呈现晶内偏析。由于锡青铜中扩散过程极其缓慢，要经过多次变形和热处理才能消除这种枝晶组织，因此锡青铜锭料的变形加工较困难[4]。

锡青铜主要具有如下特点：

（1）在液态时，Sn 易与氧形成 SnO_2，这是一种硬脆的化合物，应充分脱氧以免形成 SnO_2 降低合金的力学性能；

（2）锡青铜在凝固时会产生严重的晶内（枝晶）偏析，在压力加工之前须进行均匀化退火，但由于 Sn 在 Cu 中的扩散缓慢，需经过多次均匀化退火与压力加工才能完全消除这种偏析。β 相为体心立方晶格，合金在高温时处于 $\alpha+\beta$ 相区，塑性明显提高，锡青铜的逆偏析倾向较大；

（3）含 1%~7%Sn 及 20%~25%Sn 的锡青铜具有相当好的热加工性能，可在 600℃ 左右热轧，并可在 800~850℃ 挤压；

（4）锡青铜对过热和气体不敏感，可焊性能良好；

（5）锡青铜无磁性、无低温脆性、耐磨性和抗蚀性好，冲击时不产生火花。

锡青铜的压力加工性能较差，故大多用于铸造。砂型铸造锡青铜的力学性能见表 1.1。

表 1.1 砂型铸造锡青铜的力学性能

合 金	抗拉强度 R_m/MPa	屈服强度 $R_{P0.2}$/MPa	伸长率 δ/%	布氏硬度 HBS
ZSn3Zn8Pb6Ni1	175	—	8	590
ZCuSn3Zn11Pb6	175	—	8	590
ZCuSn5Zn5Pb5	200	90	13	590
ZCuSn10P1	220	130	3	785
ZCuSn10Pb5	195	—	10	685
ZCuSn10Zn2	240	120	12	685

在铜合金的种类中青铜具有良好的耐腐蚀性，能够在恶劣的环境下使用，甚至是在海水中表现出良好的性能，这是其他金属所不具备的优良特性，这种特性大大拓展了锡青铜的在各个行业的使用范围。其中锡青铜在海水与大气环境中性能非常稳定，对海水的抗蚀性优于紫铜、黄铜。含 Sn 7%~9%、Al 0.7%~1.3% 和 Si 0.1%~0.2% 的锡青铜可在被污染的海水中应用，表 1.2 为锡青铜在大气和海水中的腐蚀速度。

表 1.2 锡青铜在大气和海水中的腐蚀速度 （mm/a）

合金	田园大气	海洋大气	城市工业大气	天然海水	人造海水温度/℃	
					20	40
Cu-5%Sn	0.00015	0.0010	0.015	0.02	—	—
Cu-8%Sn	0.0008	0.0020	0.0018	—	—	—
Cu-10%Sn	—	—	—	0.016	—	—
QSn4-3	—	—	—	0.022	0.03	0.07
QSn4-4-2.5	—	—	—	0.028	0.031	0.07
QSn4-0.3	—	—	—	0.03	—	—
QSn6.5-0.4	—	—	—	0.04	—	—
QSn6.5-0.1	—	—	—	0.03	—	—

进入 21 世纪以后，随着微电子产业发展，国内市场的潜力迅速得到开发，铜加工业在我国进入快速发展阶段。我国铜材产量取得了较快增长，2020 年全年铜材累计产量为 12378.4 万吨，同比增长 3.74%；2021 年全年铜材累计产量为 13086.2 万吨，同比增长 5.71%；2022 年全年铜材累计产量为 13747.0 万吨，同比增长 5.71%；2023 年 1—6 月，铜加工材产量为 3475.8 万吨，同比增长达 6.56%。我国目前的铜加工产业布局基本合理，铜加工材的生产主要集中在长江三角。"十四五"期间，在国民经济和科技发展的推动下，特别是为满足电子、通信、交通、宇航、能源、家电、机械工程等行业对铜合金新材料的需求，中国铜合金新材料的研究取得了重大进展，产业化进程迅速提高，出现了一大批具有社会效益和经济意义的创新成果[3-4]。

（1）汽车同步器齿环材料。汽车同步器齿环材料是各类汽车变速的关键部件，要求材料具有高强度、高耐磨性能。这类合金成分复杂、熔炼困难，对金属组织和性能要求严格。

（2）汽车水箱带。为适应汽车散热水箱带向小型化、轻型化、长寿命的趋势发展，汽车水箱已由高铜向低铜发展，加入微量元素的紫铜带材抗软化温度已达 250℃，目前 0.035~0.05mm 带材已经产业化。

（3）高性能接插元件带材。接插元件用铜及铜合金具有广阔的发展前景，为提高其性能，高锡青铜（QSn7-0.2）、高锌白铜已被开发出来，其市场份额不断扩大，为提高产品性能和成品率，已经在结晶器进行了电磁搅拌，改善了水平连铸带坯表面质量，减少了化学成分偏析，提高了寿命。

（4）高强、高导电铜合金材料。铜及铜合金具有优良的导电性能，在焊接工具、电真空器件、电机制造方面已经开始应用。这类材料多用真空冶炼方法生产，为降低生产成本，非真空冶炼技术也取得重大进展。

与其他金属一样，铸造和塑性变形为铜合金两种主要的成形方式。铜合金采用传统铸造方法生产，存在气孔、疏松和成分偏析等缺陷影响了零部件的强度和抗腐蚀性。未来铜合金成形的发展将更多朝着挤压铸造、半固态压铸等成形工艺和技术方向发展，这样才能高效节能地制备出致密性良好、力学性能优异的零件。

1.2 金属半固态成形技术概述

1.2.1 半固态成形技术的诞生及发展

半固态成形技术的诞生是在 20 世纪 70 年代初，美国麻省理工学院 Flemings 与 Spencer 等人发现了金属凝固过程中的特殊力学行为[5-6]，根据强力搅拌处于半凝固状态金属熔体，用搅拌方法成功制备获得了半固态金属。麻省理工学院的研究人员认为金属的这种凝固特征存在着很高的利用开发价值和研究意义，在此之后对这一领域进行了较为深入的研究，Flemings 等人的研究成果为金属半固态成形技术奠定了一定理论基础，并逐渐发展成半固态金属加工技术（semi-solid metal forming，SSF）。半固态金属加工技术是在剧烈搅拌下将处于凝固过程中的熔融金属或者将金属熔体温度控制在固-液相线区间，最后能够获得一种使固相颗粒均匀悬浮在金属母液中的熔体（其中固相率可达到 60% 以上）。该方法制备的浆料具有很好的流动性，仅利用常规处理方法就能够形成，而采用这种固-液两相混合的金属熔体浆料加工成形的方法，称为半固态金属加工技术[7-8]。

半固态成形技术较好地将凝固成形和塑性成形两个方面的长处结合在了一起[9-13]。它主要是利用金属在半固态区间固-液共存时，金属熔体所具有的流变性和触变性特性而实现半固态金属加工。流变性是指半固态熔融金属在外力作用下的流动性能，是一种半固态金属特有的物理特性，这种特性将会决定半固态金属的成形方法和条件。通常用半固态组织的表观黏度来表征其流变性，在成形过程中，当固相率不断增加时，半固态金属浆料的表观黏度将持续增加，但此时半固态组织仍然表现出较好的流动性，半固态浆料所呈现出的这种特性就是流变性。触变性是指半固态组织的表观黏度和剪切时间的相互依赖关系，它反映了半固态金属浆料特性随时间变化的关系。半固态浆料处于剪切力作用下时，其表观黏度随剪切时间的延长呈连续下降趋势；当浆料处于静止时，之前存在的剪切力消失，表观黏度随之恢复，呈现固体性质，半固态浆料所呈现出的这种特性就是触变性。

20 世纪 80 年代早期，Cheng 等人成功制造了镍基超合金的涡轮盘，所采用的制备方法就是流变铸造法。1985 年，Alumax 公司为更好的发展，开始向欧洲转让相关的半固态金属成形专利技术，用以生产宝马和奥迪等世界名牌小轿车的零部件；20 世纪末，为奔德士轿车公司生产铝合金汽缸、福特汽车公司生产铝合金活塞，几乎全部为成品，产品合格率近 100%。

近 30 年来，由于半固态成形技术的优势和特性越来越受到关注，随着理论研究的不断深入和工业应用化的不断探索，在部分发达国家该技术的工业化应用已经趋于成熟[14-15]。根据统计数据，美国半固态成形技术早就进入了大规模的生产和应用，特别是在汽车等工业领域尤为突出。欧洲半固态成形应用规模也在不断扩大，早在 1997 年能够实现生产的大小企业已经高达 40 多个。意大利是最早进行半固态成形技术商业化的国家之一，法国的 Pechiney 公司、德国的 EFU 公司也逐渐掌握半固态成形技术，并在其间成功实现了商业化生产。

20 世纪 80 年代初，我国开始了对半固态成形技术的研究，但是由于基础理论的相对落后和开发研究时间较短，大部分都是采用传统简单的机械搅拌方法进行半固态成形[16]。随着对半固态技术研究的不断深入，以及其拥有着传统成形方法所不具有的优势和特点，在 20 世纪 90 年代，半固态成形开始被纳为国家基金重大项目，由于基金项目的资助和支持，对电磁搅拌技术的开发利用起到推动作用，使电磁搅拌法制半固态浆料技术逐渐成熟，成为最普遍制浆技术之一。目前国内对于半固态成形技术的开发研究与国外相比是起步较晚的，同国外一些已经工业应用成熟的技术相比更是存在一定的不足和差距。现今国内对于半固态技术的应用研究主要存在两方面的问题：一是成功应用的工业案例较少；二是基础性的理论研究还远不够，因此对半固态连铸坯技术研究是我国研究中尚未攻克的一道难题，要实现其连铸坯技术应用还有较大的一段距离。为成功在我国工业中应用半固态成形技术，实现节约材料和能源的目标，除了对半固态成形技术基础理论加以深入研究，更加有价值和意义的方向是加快其工业应用速度。

1.2.2 半固态成形技术的工艺过程及特点

目前半固态金属成形的加工方法根据工艺路线不同主要分为两种[17-18]：一种为对金属熔体用搅拌法剧烈搅拌以获得非枝晶的半固态浆料，随后在半固态固-液两相温度区间对熔融的浆料直接进行加工成形，称为流变成形；另一种为同样用搅拌制备得到的半固态浆料对其进行降温冷却获得凝固的坯料，再根据后续产品所需要的质量下料，通过重熔处理重新将凝固坯料加热至半固态固-液温度区间，并根据工艺参数要求保温一定时间，最后进行成形加工，称为触变成形，其工艺过程如图 1.1 所示。两种方法都存在各自的特点，采用流变成形时工艺流程较短，直接将熔融金属浆料成形，但是液态金属存在搬运和转移困难等问题；采用触变成形时工艺流程延长了，其间还增加了重熔加热过程，增大了能耗，但是触变成形的半固态坯料易于运输和储存，可根据零件尺寸精确下料以节省材料。

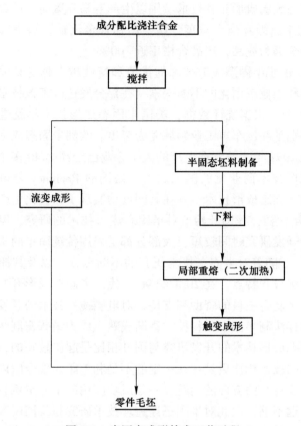

图 1.1 半固态成形技术工艺过程

半固态浆料或者坯料与传统熔融的液态金属相比，液相包裹初生固相颗粒的组织，并且组织为非枝晶的等轴晶或球状晶，正是因此，半固态金属成形技术才具有与传统成形技术所不具备的一系列优点[19-25]：

（1）重力作用下，重熔加热的半固态金属坯料的黏度高，可以方便快速地实现机械搬运，易于实现自动化操作，为大批量的工业化生产提供了一定可能性。

（2）半固态成形过程中，金属充型过程不易发生喷溅，减少偏析，组织晶粒细小，从而显著提高了零件的致密性，力学性能超过铸造件，接近锻件。与传统铸造成形相比，大大提高了铸造凝固过程的补缩能力，减少了缩孔缩松。

（3）金属半固态成形的生产效率比以往传统成形方法的生产效率得到较大提高，节约生产成本、缩短生产周期。

（4）采用金属半固态成形可以实现加工零部件的近终化成形（近净成形），

节约材料的同时还大大减少了零件后续加工时间和成本。

（5）半固态金属的黏度高，还可以在熔体中加入适当的增强材料，为制备性能良好的新型复合材料提供可能和开辟与传统制备方法迥异的新途径。

（6）半固态金属的熔化只需要将金属加热到半固态重熔温度区间，比传统加热到液相线以上温度低很多，可以较大程度地节约能源，比较符合21世纪环保低能的要求。

（7）用半固态金属浆料或坯料充型，与传统金属液相比其温度相对较低，减轻了对模具的热冲击作用，提高了模具寿命，尤其是当压铸高熔点合金更是如此，如铜合金、钢铁材料等。

但是，半固态成形技术也存在缺点，主要包括如下几个方面：

（1）对于高熔点合金的成形工艺参数控制难度大，如铜合金等。高熔点合金对成形模具的热冲击大，导致模具使用寿命短。高熔点合金的半固态浆料制备、运输难度大，如采用机械搅拌法制备半固态浆料时，搅拌棒与合金熔体相互接触，搅拌棒易损耗。

（2）工艺参数不易于控制，难以实现工业化生产的需要。由于半固态成形要求对浆料的固相率控制精准，从而对温度的控制及周围环境要求较高。在重熔加热时要求加热速度快、保温时间短就能够获得晶粒细化效果好、液相率高的半固态组织，这样高熔点合金就对设备的要求更加苛刻，在实际的生产中难以实现。

（3）半固态触变成形工艺流程长，虽然说触变成形比传统固态成形有所改进和提升，但相比液态金属直接成形的工艺流程较长，从而增加了能耗和生产周期。

（4）采用半固态成形技术制备浆料时，对金属的合金成分有一定要求。半固态成形技术主要适用于具有较大固-液区间的合金，这样才能较好控制半固态组织的固相率、晶粒直径及形状因子。因此导致固-液区间较小的金属不适合采用半固态成形，如纯金属和共晶合金。但半固态成形技术并不能完全地代替传统成形方法，存在其一定的局限性。

1.3 应变诱发熔化激活法制备半固态坯料概述

1.3.1 半固态坯料制备方法

无论是采用半固态流变成形还是触变成形，半固态成形技术最关键的一步就是制备出较好的半固态金属浆料或者坯料。

事实上，材料的组织特征对材料的性能起决定性的作用，因此如何制备出非枝晶状、晶粒球化效果好、晶粒尺寸细小、液相率较高的理想半固态浆料或坯料至关重要。机械搅拌法（MS）就是最早发明的、最传统的半固态的浆料制备方法，经过 30 多年的研究发展，陆续出现了电磁搅拌法（ES）、粉末冶金法（PM）、等温热处理法（IHT）、倾斜式剪切冷却技术、应变诱发熔化激活法（SIMA）、喷射沉积法（SD）、液相线铸造等各类制备方法[26-30]。

1.3.1.1 机械搅拌法

机械搅拌法[8]（Mehcnaical Stirring）是最早被研究人员认识的一种方法，因而也最早被用来制备半固态合金。其主要原理是不断搅拌熔融态的金属，利用机械外力使生长过程中的枝晶破碎或折断成为颗粒状。机械搅拌的装置一般分为连续式与间歇式两种，其装置示意图如图 1.2 所示。

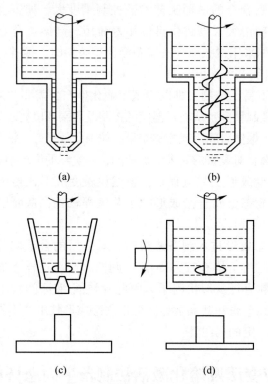

图 1.2 机械搅拌装置示意图
（a）棒式；（b）螺旋式；（c）底浇式；（d）倾转式

采用机械搅拌法制备浆料的固相率为 30% ~ 60%[31]。机械搅拌法搅拌熔融金属液时能够获得高剪切速率，打断枝晶的生长使微观结构呈细小的近球状，但是机械搅拌会存在搅拌不到的死区的缺点，这将影响制备获得浆料的均匀性，因为机械搅拌法搅拌叶片直接接触浆料，对半固态浆料的质量有所影响。到目前为止，采用机械搅拌法制备半固态浆料还只在实验室阶段，对于实际工业应用案例较少。目前，对于机械搅拌法生产半固态合金坯料的研究热点是改进搅拌器。

1.3.1.2 电磁搅拌法

目前从制备方法的工业应用和设备研发上看，电磁搅拌制备方法[32]是应用较广泛的一种，电磁搅拌技术的基本原理就是法拉第电磁感应定律，闭合导体在变化的磁场中切割磁力线会产生电流，在磁场中会受到洛仑兹力的作用产生运动的趋势。

电磁搅拌法与传统的机械搅拌法制备半固态浆料具有如下几点突出的优势：（1）电磁搅拌没有使用搅拌棒，是一种与熔体不相互接触的搅拌，搅拌过程易于控制、金属熔体不会受到污染；（2）电磁搅拌能够防止搅拌过程中气体的卷入；（3）搅拌时电磁参数控制方便灵活。因此，对于低熔点轻合金特别是电磁搅拌制备铝合金具有突出的优势，能够制备出较好的半固态坯料。

1.3.1.3 粉末冶金法

粉末冶金[33]也是一种金属或合金快速凝固技术，它利用金属雾化方法制备细小的金属粉末。金属雾化技术一般都是利用离心力、机械力或高速流体冲击力等外力的作用将金属熔体分散成尺寸很小的雾状熔滴，并使熔滴在与流体或冷模接触中迅速冷却凝固。

粉末冶金法工艺路线一般为：首先制备所需金属粉末，然后将配比合金的不同种金属粉末按比例相互混合，最后对混合后的粉末进行预成形，并加热至半固态温度区间，保温一定时间后获得半固态坯料。虽然粉末冶金法能制备出组织较好的半固态坯料，而且平均晶粒直径小，但是制备的坯料比较适合重熔加热和触变成形。该方法制备坯料还存在一些缺点，首先金属粉末价格昂贵，其次对粉末的预成形难度大，因此该工艺不能得到大规模的实际应用。

1.3.1.4 等温热处理法

等温热处理法（isothermal heattreatment，IHT）[34-35]是采用变质处理与特殊凝固或加热条件相结合的方法来达到细化晶粒的目的，从而获得球状组织的一种方法。主要的工艺流程为：首先将金属合金加热至熔融状态，然后在其中加入变质元素，进行常规铸造，最后重新加热到液-固区间进行重熔保温处理，或者将合金直接加热到液-固两相区进行等温处理，使固相逐渐球化成团球状而获得半固态坯料。其优点主要在于与机械搅拌法和电磁搅拌法相比，减去了专门制备球状晶的搅拌工序，工艺参数主要通过改变加入微量元素的种类、数量，以及改变重熔保温、保温时间。但是该种方法的工艺参数难以准确控制，目前为止还处在研究阶段。

1.3.1.5 倾斜式剪切冷却技术

倾斜式剪切冷却技术 (sloping cooling and shearing, SCS)[36-37]将合金通过一个倾斜的冷却板浇注到铸模中或者直接成形, 在合金浇注通过冷却板时合金冷却速度非常大, 此时合金熔体接触冷却板有较大过冷度, 所以在冷却板上大量形核, 同时合金熔体在流动中受剪切力的作用, 使合金在流过冷却板表面后得到的合金组织细小, 并发生球化作用。倾斜式剪切冷却技术作为制备半固态材料的思路受到重视, 国内东北大学利用该技术针对 Al-Mg 合金做了相关研究, 发现该技术对改善 Al-Mg 合金组织特别是高镁合金组织中的羽毛晶非常明显, 能够制备出较好的 Al-Mg 合金半固态浆料。

1.3.2 SIMA 法制备半固态坯料的原理

应变诱发激活熔化法 (strain induced melt activated, SIMA) 由 Young 首先发明[38]并申请了发明专利, 其工艺流程如图 1.3 所示。首先铸造得到合金铸锭, 在再结晶温度下将合金铸锭进行足够的热塑性变形, 之后再对其进行冷变形, 使合金内部的枝晶破碎或折断, 产生应力集中, 储备一定变形能, 最后将预变形的坯料加热到固-液两相区并进行等温重熔处理。重熔加热过程中, 合金首先发生回复、再结晶形成亚晶界, 随后晶界处低熔点相首先熔化, 导致固相被低熔点液相分离包围, 最终获得半固态组织坯料。

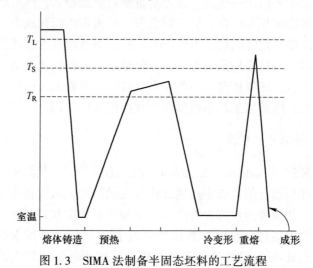

图 1.3 SIMA 法制备半固态坯料的工艺流程

1.3.3 SIMA 法制备半固态坯料的研究现状

SMIA 法制备半固态坯料的本质为塑性变形使树枝状晶粒破碎, 重熔处理过程中结晶球化，获得具有一定液相率和晶粒球化效果好的组织。传统 SIMA 法以镦粗或正挤压作为铸态坯料的预变形工艺，对于塑性较差的金属合金，变形时容易产生裂纹及形变不均匀等问题。所以从目前文献来看，SIMA 法制备半固态坯料多用于铝合金和镁合金等低熔点合金。SIMA 法制备半固态坯料是制备半固态坯料中较为成熟的一种方法[39-40]。目前为止，SIMA 法已经成功用于铜合金、不锈钢等高熔点合金的半固态坯料。

Kirkwood 和同事们对 SIMA 法工艺进行相关改进，主要是将冷变形改为在再结晶温度以下进行热变形，确保能够获得最大应变硬化[41]，并对非枝晶的 A356 铝合金进行触变成形，研究了制备零部件的完整性。研究结果表明，采用触变成形制备零件的力学性能优于常规铸造合金，同时一些研究工作也同样在 M2 工具钢等合金中进行，证明触变成形能制备出力学性能良好的复杂零件[42]。

随着 SIMA 法逐渐被研究人员认识，该方法慢慢地被用于其他合金的研究，使得工艺参数（预变形方式、塑性变形量、重熔温度、保温时间）对半固态显微组织的影响有了更加深入的认识[43]。Loue 等人[44]在研究机械热对重熔或者触变原料 Al-Si7Mg 的等温处理微观组织影响时，形状因子被用来描述初始凝固条件对组织的影响，以及冷轧等机械处理在重熔过程中对 Al-Si7Mg 组织的影响。结果表明，对于再结晶过程，变形量超过一定阈值，经冷加工的 Al-Si7Mg 合金部分重熔时可以最快速获得完美的球状固相组织。Chan 等人[45]采用传统简单的镦粗和正挤压的 SIAM 法制备了 2024 铝合金半固态组织，在合金材料经过冷变形和重熔加热后获得了球状的显微组织。证实了在 SIMA 制备半固态坯料过程中仅采用冷加工就能制备出球状组织，随着有效应变的增加，组织晶粒的球化效果更好、球状晶粒的尺寸减小，还提出通过计算冷加工的有效应变推测球化效果的可能性。Fan 等人[46]通过 SIMA 法制备半固态镁合金浆料，研究半固态等温处理过程中晶粒粗化动力学。Hesam 等人[47]通过 SIMA 法制备铝合金半固态浆料并进行触变成形，研究 SIMA 法工艺对铝合金组织和耐磨性的影响。陈国平[48]采用比较研究方法研究了预变形方式（冷、热压缩形变）对 AZ61 镁合金半固态组织的影响，在拉压试验机上进行镦粗变形，使其压成鼓形，然后进行等温处理。结果表明，采用热变形或冷变形的 SIMA 法均可制备得到非枝晶组织，在形变能未达到饱和之前，对镁合金增加形变率可以改善重熔组织的球化效果，但是选择合适的重熔温度和保温时间非常关键。

近几年许多研究学者开始对 SIMA 法进行改进以适应高温合金半固态成形。Jiang 等人[49]针对高温合金半固态坯料制备困难的问题，提出了一种新的变形高温合金半固态等温处理方法（SSITWS），研究等温处理工艺对镍基高温合金组织的影响。

目前大塑性变形（SPD）方法主要有等径角挤压（ECAP）、多向锻造

（MAF）、累积叠轧（ARB）、高压扭转（HPT）等，这些方法可用来细化晶粒。姜巨福[50]采用等径道角挤压工艺作为材料的应变诱导工艺成功制备AZ91D镁合金半固态坯料，其等径道角挤压模具如图1.4所示。利用该种挤压方法变形大且细化坯料的晶粒、不产生裂纹、材料截面尺寸不发生较大的改变，结果表明，此工艺可制备出平均晶粒直径小、形状因子小、液相率高的镁合金半固态坯料，比传统的镦粗变形效果更好，主要表现在晶粒的尺寸和球化程度上，确定了新SIMA法是一种非常理想的制备半固态组织的方法，其效果远超过铸态坯料直接等温处理及传统的SIMA法。姜巨福等人在用等径道角挤压工艺制备出AZ91D镁合金半固态坯料的基础上，用该方法还制备出了AZ61镁合金半固坯料[51-52]。同样Ashouri等人采用等径道角挤压的SIMA法制备了A356铝合金的半固态组织，研究结果表明，应变越大，晶粒的直径越小并且发生球化的保温时间缩短[53]。

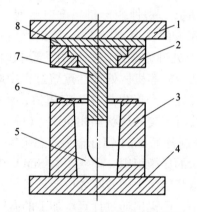

图 1.4   等径道角挤压模具示意图

1—上模板；2—固定环；3—模架；4—下模板；5—凹模；6—压板；7—凸模；8—垫板

在SPD技术中，MAF是一种比较常用的方法，因为该方法容易调整，易实现大体积样品的生产并且其工艺过程简单[54]，其工艺原理如图1.5所示。Yang等人[55]指出，在降低温度的条件下MAF能够加速AZ31镁合金晶粒的细化。Guo等人[56]指出在铸态AZ80镁合金中晶粒细化的主要机制是微区的形成使晶粒相互分开，在热MAF中相互连接的这种微区导致连续分布的粗大晶粒成为取向错乱的区域。众所周知，大部分对于MAF的研究工作主要集中在制备铝合金、铁合金及钛合金。Han等人[57]采用高分辨率的电子背散射衍射（EBSD）和透射电子显微镜（TEM）对大应变多向锻造的Fe-32%Ni合金微观组织进行了研究。EBSD比TEM可更详细地定量测量。结果表明，随着累积应变的增加微观组织发生了两种主要的变化，首先，晶粒明显细化并呈随机分布；其次，大角度晶界的体积分数增加。分析应变路径可能是大角度晶界的体积分数随累积应变增大的原因。

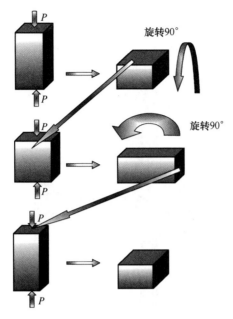

图 1.5 多向锻造工艺原理

累积叠轧作为一种制造组织细化分散的高强度合金新技术经常用于半固态加工中。ARB 工艺具有如下几个优点：（1）不需要高承载能力形成设备和昂贵的金属模具；（2）生产效率高；（3）生产材料的数量没有限制。Jamaati 等人采用该方法制备了高强度均匀分散的 A356 铝合金，首先是将合金熔化，在 650℃ 保温 2min，然后用叶轮搅拌制备浆料并浇铸在钢模具中固溶处理，最后对其机加工成轧制试样。研究结果表明，当 ARB 循环次数增加时，硅颗粒在基体中的均匀性得到了改善，颗粒更加细化、球化，使拉伸强度和延展性提高，5 道次 ARB后铝合金的拉伸强度和延展性分别高出于铸态 2.6 倍和 2.5 倍[58]。

高压扭转法原理[59]图如图 1.6 所示。在室温或低于 $0.4T_m$（T_m 为试样液相线温度）温度的条件下，模具内的盘状试样被施以几个吉帕的载荷，同时下模转动通过主动摩擦在其横截面上施加一扭矩，促使变形体产生轴向压缩和切向剪切变形。董传勇利用自行设计的高压扭转模具对 AlSi30 合金粉末进行固化，对固化后的试样进行半固态等温处理，观察等温处理后试样显微组织，定量分析高压扭转施加载荷、扭转圈数和半固态等温处理保温温度、保温时间对初晶硅形状系数和等积圆直径的影响，得到了各参数之间较好的匹配关系[59]。

利用 SIMA 制备的半固态坯料具有无污染、致密度高等优点。可以计算零件质量大小后切割坯料，在适当的保温后进行触变成形。但由于该技术额外增加了一道预变形工艺，能耗增加、成本增高，同时对于制备的材料需具备一定的塑

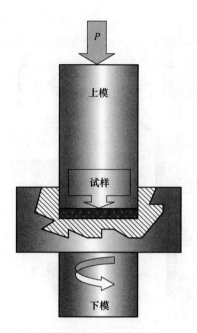

图 1.6 高压扭转法原理

性，因此无法实现大规模生产，目前只能小批量制备部分半固态坯料，多用于实验室研究。

1.3.4 半固态浆料的枝晶球化机制

半固态合金浆料的组织特征是组织为非枝晶、晶粒为等轴晶或球状颗粒。半固态浆料制备方法种类很多，但是最终都能够获得非枝晶组织的浆料。国内外对于半固态组织球化机理及其演变过程已有研究，其中最基本的因素有半固态浆料的温度、固相率及剪切的速率等。但由于方法不同，其球状颗粒的形成机制自然不同，从文献看目前的球化机制主要有以下几种[60-62]：

（1）枝晶臂根部断裂机制。金属在凝固过程中，枝晶在剪切力作用下将发生塑性变形，使枝晶臂在根部断裂变形弯曲，甚至断裂，致使枝晶臂相分离。该机制多用于解释采用机械搅拌法和电磁搅拌法制备半固态浆料。

（2）枝晶臂根部熔断机制。晶体在长大过程中，枝晶臂由于受到周围流体的扩散、温度梯度的存在使之产生热振动，以及在枝晶的根部是应力集中的地方。同时在固相中根部溶质含量较高，使较多低熔点物质积聚在枝晶臂根部，促使枝晶臂产生局部熔断，并在表面能的作用下逐渐球化。该机制可以用来解释在机械搅拌法、电磁搅拌法、应变诱发熔化激活法中枝晶臂的熔断及晶粒球化等现象。

（3）枝晶塑性变形熔断机制。铸态枝晶组织经过塑性变形后枝晶由于形变破碎，经过加热重新结晶在表面张力作用下晶粒发生球化。该机制主要针对采用应变诱发熔化激活法制备半固态浆料。

（4）抑制晶粒成枝晶状长大机制。抑制晶粒成枝晶状长大机制主要是在金属凝固中，让其处于一种特殊凝固条件使枝晶生长受到抑制，而晶粒长成球状。该机制可以用来解释等温热处理法、控制凝固速度法等获得的球状晶。

1.4　铜合金半固态成形研究现状

半固态金属铸造有显著减少各种铜合金零件生产成本的优势。主要是由于半固态成形可以实现净成形或近净成形，提高了生产效率、高致密性、减少报废率，节约相关材料的成本、降低环境成本和加工成本。半固态挤压成形既适用于低熔点合金也可成形高熔点合金或高熵合金。

铜合金具有较高熔点，这是同时存在的挑战和机遇。铜合金半固态成形的关键问题就在于是否有合适的模具材料能够承受 800℃ 以上恶劣的环境[63]。由于铜合金压铸的浇铸温度较高，因此提高了模具在设备上的更换频率，抑制了铜合金的压铸生产效率和连续生产的稳定性[64]。

对于铝合金半固态成形的主要成本在于其原材料，而采用标准模具钢来实现铝合金的压铸已经能够满足。对于铜合金压铸模具的寿命十分有限，其模具的成本可能会超过原材料的成本。由美国铜发展协会（CDA）与 Trex 公司、OTA 和由美国能源部 NICE 计划资助的发起了改进模具材料的合作，非常成功地应用到高导电性的压铸（纯）铜电机转子。采用耐高温材料，包括钨、钼和镍基合金进行了一系列的铸造实验，提出了将耐高温模具技术与半固态加工技术结合生产铜合金零件的适用性[65]。

在过去的几十年，铜合金半固态成形陆续的实验和生产都有进行，但是直到现在，H13 和 H20 模具钢都不能满足其应用要求。早在 20 世纪 80 年代中期的 ITT 公司，制造生产了约 20 种不同的零件，后来，AMAX 公司试着制造铜合金半固态铸件，然而因模具寿命短，尽管具有良好的铸造质量，导致这些努力在经济上行不通。

2000 年至今，铜合金半固态成形集中在制备半固态金属原料和研究半固态金属铸造的基本参数及零件后续的热处理工艺。学者对半固态成形工艺进行了较多的研究，Lee 等人[66]研究了在 Cu 转子半固态成形过程中的注塑和凝固特性。实验结果表明，在合适的工艺条件下，半固态铸造可以实现对 Cu 转子形状和尺寸的精确控制，同时制备出具有良好力学性能和表面质量的 Cu 转子。程琴等人[67]研究了半固态等温处理对 Cu-Ca 合金组织结构和性能的影响。实验结果表明, 在合适的等温处理参数下, 可以通过半固态处理手段有效改善 Cu-Ca 合金的力学性能和耐蚀性能, 提高其加工性能和使用寿命。该研究对半固态等温处理技术在铜基合金材料制备中的应用具有一定的参考价值。Yi 等人[68]研究了 Cu-Ca 合金的性能及其在半固态成形过程中的应用。通过研究 Cu-Ca 合金的热力学和动力学行为, 设计了一种适合半固态成形的 Cu-Ca 合金配方, 最终制备出具有高效转子性能的 Cu-Ca 合金转子。该研究对半固态成形中合金材料组成的选择和工艺参数的优化具有一定的指导意义。

在半固态成形过程中液相凝固过程会对合金性能造成影响, 因此有学者对半固态坯料凝固特性进行研究。Yan 等人[69]通过对 HPb59-1 合金半固态压铸四通阀的数值模拟, 研究了铸件凝固和形变行为, 并探讨了半固态压铸技术在铸造过程中的优势和应用前景。该研究可以为半固态压铸工艺的理论研究和工业应用。Youn 等人[70]研究了半固态工艺在感应电动机鼠笼转子生产中的应用, 通过改变合金料液态-半固态状态的比例, 合理调节其流动性和挤出性能, 制备出具有良好的抗疲劳性和尺寸精度的鼠笼转子。该研究可以为半固态工艺在铸造制造行业的应用提供可行性。Jia 等人[71]研究了 Cu-Ni-Si 合金经过半固态等温处理后电导率的变化规律。实验数据表明, 半固态等温处理技术可以有效提高 Cu-Ni-Si 合金的电导率, 且该效应与加工温度、时间及固相含量等因素密切相关。这对于加工制备高性能合金材料具有一定的研究意义。

半固态成形过程中通过调控各种工艺参数可以控制半固态组织性能, 因此很多学者在半固态成形工艺优化上进行了大量研究。Wang 等人[72]在研究半固态锻造电子封装外壳时, 采用铜-碳化硅复合材料提高外壳的强度和耐磨性能。通过优化热处理工艺和前处理技术, 最终制备出具有优良性能的电子封装外壳, 对半固态铸造技术在电子封装领域的应用开创了新途径。邵博等人[73]研究了 QSn7-0.2铜合金在半固态状态下的挤压成形组织和性能。通过优化挤压工艺参数, 制备出具有优良力学性能和抗疲劳性能的 QSn7-0.2 铜合金。该研究可以为半固态挤压工艺在铜合金材料加工中的应用提供理论和实验基础。Cao 等人[74]究了半固态加工过程中塑性能量对 C5191 合金微观组织的影响, 通过实验观测和数字模拟, 分析了塑性能量对合金微观组织结构和力学性能的影响规律。研究结果表明, 适量的塑性能量可以有效提高半固态合金的塑性和韧性, 提高其加工性能和应用范围。Cao 等人[75]研究了合金微观结构对半固态铜合金力学性能的影响, 通过不同处理工艺对 Cu-Ni 合金进行处理, 分析了其微观结构和力学性能之间的关系。研究表明, 扭转变形可以有效提高 Cu-Ni 合金的塑性和韧性, 同时保持其硬度和强度。这为半固态加工技术在合金材料加工中的应用提供了理论依据。

在半固态成形过程中制备出高质量的半固态坯料是非常关键的一步, 其中 SIMA 法被认为是比较适合铜合金的半固态制浆方法, 除了比较适合生产小零件,还可以生产小直径棒材。许多实验发现对于采用半固态铜合金铸造小零件可以比传统生产方法节约35%～55%的成本。大部分铜合金部件主要为3种合金，即铜合金C37700（铜锌合金）、铜合金C64200（铝硅青铜）和铜合金C90500（锡青铜）。对SIMA法成功应用的一个例子是在高尔夫球杆的底板上。约10万个板块采用半固态金属铸造，使用冷拔铜合金C64200棒料为原料。使用半固态成形铜合金零件时，由于固-液两相流动性的差异，容易产生固液偏析。在半固态挤压成形中，改变挤压方式作为一个改善半固态组织中固-液相偏析情况、解决组织均匀性问题的方法慢慢被广泛运用。Chen等人[66]提出了背压触变挤压方法，使合金成形过程中处于三向压应力状态，由于背挤压方式对金属流动的限制作用，有效地减少了液体偏析，使零件不同部位的组织和力学性能均匀，提高了挤压件的性能。

铜合金半固态压铸产品的发展要注意以下几点，首先就是要解决模具的损耗问题，可以通过开发新的镍基合金使其寿命远超过传统的钢模具；其次就是要调整浆料的制备工艺，生产廉价的半固态金属原料及开发新的铜合金或修改现有合金；最后要通过合理的模具结构设计避免固-液偏析，大大扩展铜合金半固态压铸的应用范围。

2 多向锻造—重熔制备铜合金半固态坯料及其组织特征

传统 SIMA 法制备半固态坯料预变形方式有镦粗、挤压，但存在一定的不足，镦粗变形虽然操作简单，但是变形量小，且变形不均匀，最终得到的半固态组织均匀性不好。新 SIMA 法[50,77]预变形采用等径角挤压，其优点就是变形量大且形变较为均匀，但是等径角挤压模具复杂。高压扭转作为预变形方式的一种，只适合处理小尺寸试样的变形且对变形材料的塑性有一定要求，对于塑性较差的、大尺寸材料的变形存在一定局限性。综合各种方法特点及考虑 ZCuSn10 铜合金不适合塑性变形的特点，本章首先采用多向锻造与重熔制备铜合金半固态坯料，其主要工艺流程如图 2.1 所示。

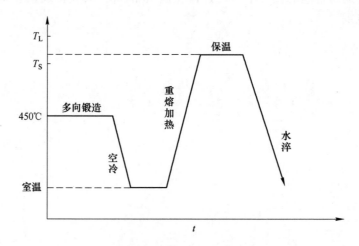

图 2.1　多向锻造与重熔制备半固态坯料工艺流程

2.1　实验材料及方法

2.1.1　实验材料

实验材料为 ZCuSn10 锡青铜，合金的化学成分为含 Cu 88.25%，Sn 10.48%、其他含量占 1.27%。首先按照合金的化学成分配比，计算每一炉的金属质量，并采用金属模统一浇铸，最后得到 30mm×100mm×160mm 的板状铜合金铸锭。图 2.2 所示为用金属模浇铸的锡青铜板状铸锭。

图 2.2 金属模浇铸 ZCuSn10 板状铸锭

合金的铸态组织主要由 α 相和（α+δ）共析体组成，α 相是锡溶于铜中的置换固溶体，δ 相是以电子化合物（Cu₃₁Sn₈）为基体的固溶体，（α+δ）共析体被包围在 α 树枝晶的间隙中。图 2.3 为 Cu-Sn 合金二元相图，图 2.4 为 ZCuSn10 铜合金铸态组织。

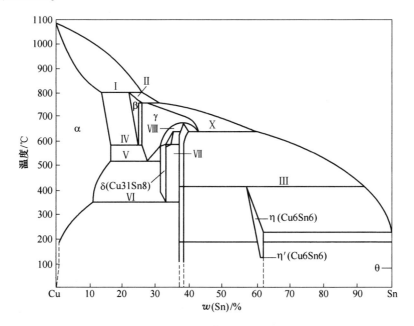

图 2.3 Cu-Sn 合金二元相图

采用差示扫描量热（differential scanning calorimetry，DSC）法来确定该合金的固-液相线，实验起始温度为 40℃、终止温度为 1200℃、升温速率为 10℃/min，N₂ 作为保护气氛，测得的 ZCuSn10 铜合金 DSC 曲线如图 2.5 所示，该合金的固

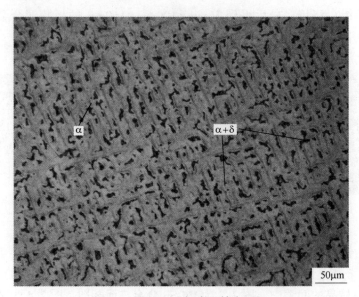

图 2.4 ZCuSn10 铜合金铸态组织

相线温度为 830.4℃，液相线温度为 1020.7℃，其固、液相线温差为 190.3℃，因此该铜合金很适合用来制备半固态坯料。

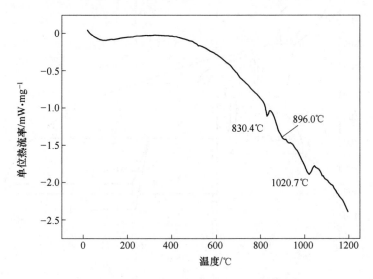

图 2.5 ZCuSn10 铜合金铸锭的 DSC 曲线

2.1.2 实验方法及技术路线

选取 ZCuSn10 铜合金为研究对象，探索合适的 SIMA 法制备较好的铜合金半固态坯料，探讨重熔温度、保温时间、变形量3个工艺参数对ZCuSn10铜合金半固态显微组织的影响，研究SIMA法制备ZCuSn10铜合金半固态组织的演变机理。

SIMA法包括铸锭的预变形和重熔加热两个步骤，首先对浇铸合金进行预变形，打碎枝晶组织并储备变形能；然后对变形后合金进行重熔加热，将其加热至半固态温度区间并保温一定时间，通过空冷或水淬等快速冷却过程得到半固态坯料。其中铸锭的预变形量、重熔温度及保温时间是SIMA法中的3个最重要的工艺参数。增加预变形量及重熔温度都可促进铸锭由枝晶组织向颗粒状组织转化，但过度提高预变形量及重熔温度并不能够无限制起到细化晶粒的作用，反而会使晶粒发生明显粗化。铜合金为高熔点合金，若采用液相法制备半固态浆料，在实验操作过程中存在一定难度且在高温条件下易发生氧化、夹气，对制备的半固态浆料的质量有较大影响。SIMA法主要适合于各种高、低熔点的合金系列，尤其在制备高熔点合金的半固态坯料具有独特的优越性，可有效避免铜合金的氧化，制备的浆料无污染，因此实验采用该制坯方法。

实验主要采用两种不同预变形方式的SIMA法制备ZCuSn10铜合金半固态坯料，技术路线如图2.6所示。

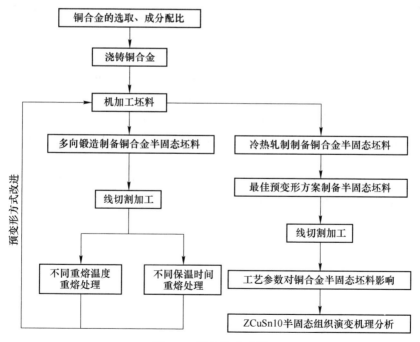

图2.6 研究技术路线

按照ZCuSn10铜合金成分配比，然后浇铸成板状的坯料，根据不同的变形需要进行机加工。第一阶段首先采用了多向锻造为预变形的 SIMA 法制备铜合金半固态坯料,通过对预变形坯料重熔处理,然后迅速水淬得到半固态组织。之后对获得的铜合金半固态组织进行分析,确定多向锻造作为预变形方案的可行性,以及考虑该方案的操作性是否良好,并且通过半固态组织的统计计算得到适合铜合金半固态重熔的工艺参数,之后对预变形方式进行改进。

第二阶段采用轧制与重熔的 SIMA 法制备半固态坯料,在多向锻造提供的一定指导下,明确 ZCuSn10 铜合金合适的热塑性形变温度,轧制与重熔方案中分别实验了冷轧和热轧两种方法,从中找到操作简便、实用性高、制备组织特征良好的预变形方式,并对最佳变形方式(冷轧)与重熔制备得到的坯料组织进行分析,讨论工艺参数对铜合金半固态组织的影响。最后在讨论半固态组织形成过程的基础上,对半固态组织的演变机理进行分析。

2.1.2.1 多向锻造预变形实验

采用多向锻造与重熔的 SIMA 法制备 ZCuSn10 铜合金半固态坯料的步骤如下:

(1)浇铸铜合金铸锭。首先按照 ZCuSn10 铜合金的成分配料并熔化,然后用金属模浇铸为 30mm×100mm×160mm 板状铜合金铸锭,并按照锻造棒料的要求将其机加工为 ϕ30mm×100mm 的圆柱体。

(2)多向锻造预变形。首先将机加工后的试样加热至 450℃并保温 15min,在保温时间到达后,迅速用铁钳夹住圆柱体的一端从热处理炉中取出,另一端放入模具,放在空气锤上锻造形变,通过模具的内腔约束变形,图 2.7 为自主设计的锻造拔长模具。在锻造时注意转动棒料使其形变均匀,最后棒料整体从模具一侧到另一侧全部通过,则变形结束,锻造的棒料放置在室温下冷却,计算其长度方向的累积变形量,图 2.8 为锻造得到的预变形棒料。

(3)重熔热处理。将锻造后的试样线切割为多个小试样,并放入工频感应加热炉中加热至固-液温度区间并保温一定时间,然后快速水淬,获得半固态组织。水淬之后的试样先去除氧化皮,并制备金相试样,所用腐蚀剂为 $FeCl_3$ 溶液。

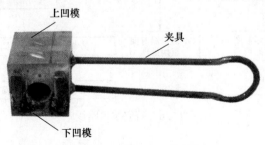

图 2.7 锻造拔长模具

（4）利用 Leica 光学金相显微镜观测金相组织，并借助 Image-Pro Plus 图形分析软件对半固态组织进行定量分析，并分析不同保温时间和重熔温度对 ZCuSn10 铜合金半固态组织的影响。

图 2.8　锻造预变形棒料

2.1.2.2　重熔处理实验

铸态坯料预变形以后，经过重熔处理才能得到半固态组织。为了保证实验的可靠性及统一性，重熔试样用线切割加工为相同尺寸的试样，且同一批变形试样尽量保证取样位置相同，图 2.9 为预变形坯料切割取样示意图。

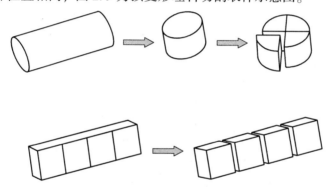

图 2.9　不同预变形坯料重熔取样示意图

重熔实验采用同一工频电阻炉重熔处理以保证实验的可比性，首先将电阻炉加热到所需重熔温度，等待电阻炉温度稳定后，将装有试样的陶瓷方舟迅速放入炉中，快速关闭炉门并开始计时，在设定的重熔温度下到达保温时间后，用钳子将陶瓷方舟和试样一起夹出（防止直接夹取试样发生固-液分离和变形，影响半固态坯料金相组织特征）并快速水淬获取半固态组织。

2.1.3　半固态组织分析及表征

半固态组织是同时含有固、液两相的组织，其有效的固相分数、平均晶粒直径及形状因子是主要表征半固态组织特征的参数，并且对半固态合金的流变成形和触变成形性能有重要的影响。

为了定量分析 ZCuSn10 铜合金半固态组织，采用 Image-Pro Plus 软件对组织进行统计分析。首先将重熔处理的试样打磨去氧化皮后制备金相试样，在光学显微镜下获得半固态组织，在拍照过程中注意不同位置组织任意选取，减少在计算过程中的误差。获得的金相照片在 Photoshop 中调节灰度及对晶粒进行预划分，实验中随机选取拍摄的 5 张 100 倍金相组织照片，最后对 5 张金相组织照片计算得到的特征参数取平均值。采用 Image-Pro Plus 软件对组织统计计算，其中固相分数、平均晶粒直径和形状因子（形状因子的值不小于 1，越接近 1 表示晶粒的圆整度越好）的计算公式见下式（2.1）~式（2.3）：

$$f_S = \frac{S_S}{S_L + S_S} \tag{2.1}$$

式中　　f_S——半固态组织的固相分数；

　　　　S_S——总固相面积；

　　　　S_L——总液相面积。

$$d_m = \frac{2}{n}\left(\sqrt{\frac{S_1}{\pi}} + \sqrt{\frac{S_2}{\pi}} + \cdots + \sqrt{\frac{S_n}{\pi}}\right) \tag{2.2}$$

式中　　　　　　d_m——平均晶粒直径；

　　S_1，S_2，$\cdots$，S_n——第 1，2，$\cdots$，n 个晶粒的面积。

$$z_m = \frac{1}{4n}\left(\frac{l_1^2}{\pi S_1} + \frac{l_2^2}{\pi S_2} + \cdots + \frac{l_n^2}{\pi S_n}\right) \tag{2.3}$$

式中　　　　　　z_m——晶粒平均形状因子；

　　l_1，l_2，$\cdots$，l_n——第 1，2，$\cdots$，n 个晶粒的周长。

实验中利用了差热分析（difference of temperature analysis，DTA）、光学显微镜分析，X 射线衍射（X-Ray Diffraction，XRD）分析、透射电镜（transmission electron microscopy，TEM）分析、扫描电镜（scanning electron microscope，SEM）和能谱分析（energy dispersive spectrum，EDS）等多种分析手段对铜合金铸态组织和半固态组织进行了观察分析。

差热分析的加热速率为 10℃/min、加热温度区间为 40~1200℃，并通入氮气进行保护，其主要用来测定铜合金的液、固相线，为设定重熔温度提供一定的指导。

光学显微镜分析，用于对铸态组织、预变形后组织及重熔试样的组织进行观察和采集。

扫描电镜和能谱仪用于分析所获得的铸态及半固态组织中 Cu、Sn 元素分布情况。

透射电镜和 X 射线衍射仪用于分析铸态、轧制态及重熔态试样的组织变化。

2.2　多向锻造对铜合金铸态组织的影响

图 2.10 为 ZCuSn10 铜合金原始铸态组织和预变形组织。由图 2.10（a）中明显可以看出，铸造 ZCuSn10 铜合金组织由树枝晶组成，并且一次枝晶和二次枝晶

连接呈网状，低熔点的（α+δ）共析体存在于枝晶间隙。由图 2.10（b）可知，ZCuSn10 铸锭经过多向锻造预变形后，其长度方向变形量为 16%，原始铸态组织中的一次枝晶和二次枝晶由于形变应力集中而发生碎断，在枝晶的根部断裂，打断了枝晶的连续分布状态，且积累了大量形变产生的形变能，储备的形变能在后续的重熔加热过程中使组织发生球化。

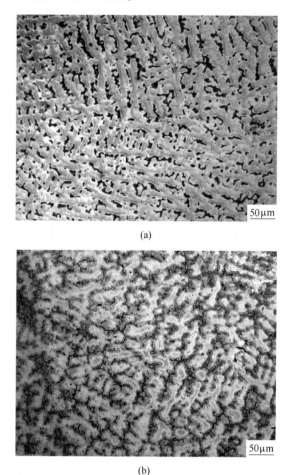

图 2.10　ZCuSn10 铜合金组织
（a）铸态组织；（b）预变形组织

2.3　重熔工艺参数对铜合金半固态组织的影响

重熔工艺参数是影响半固态组织特征的重要因素，不同的重熔温度和保温时间对组织的固相率、平均晶粒直径和形状因子有明显作用，由于采用多向锻造与重熔制备铜合金半固态坯料，在锻造过程中其变形量为多次、多向累计值，故不便于计算且可比性不强，所以在分析工艺参数对锻造制备铜合金半固态组织的影响时，主要讨论保温时间和重熔温度。

2.3.1　保温时间对铜合金半固态组织的影响

当重熔处理时保温时间发生变化，半固态组织也会随之发生变化。经过预变形的铜合金铸锭在工频感应电阻炉中加热至 900℃，分别保温 5min、15min、30min 和 50min 并水淬获得半固态坯料。图 2.11 所示为 900℃ 不同保温时间下 ZCuSn10 铜合金半固态的微观组织。由图 2.11 可知，采用锻造与重熔的 SIMA 法制备的 ZCuSn10 半固态坯料组织较好，球化率高且晶粒尺寸比较均匀。当重熔温度为 900℃、保温时间为 5min 时，球状晶粒已经开始出现，且晶粒的直径较细小，小于 100μm，但是晶粒尺寸均匀性较差，液相分布不均匀，在晶粒内部出现了熔池，主要是由于破碎的枝晶臂合并将低熔点的共析体包裹，在随后的重熔保温过程中，低熔点的共析体熔化在晶粒内部形成细小熔池。且此时在局部的区域存在固相颗粒相互粘连的情况，主要的原因是保温时间较短，液相析出量有限，对固相颗粒的分割不彻底，如图 2.11（a）所示。随着保温时间的延长，当保温时间延长至 15min 后，一部分相互粘连的小晶粒合并长大为大晶粒，另一部分小晶粒堆积到大晶粒上，使晶粒进一步长大，此时，晶粒尺寸相对均匀，小晶粒大量减少，液相分布也比较连贯，独立固相颗粒数目增加较多，独立存在固相颗粒的增加将大大减少触变成形的阻力，提高半固态组织的触变成形性能，如图 2.11（b）所示。随着保温时间增加至 30min，晶粒尺寸进一步增大，晶粒尺寸分布更加均匀，球化效果更好，且液相增多，由于液相对晶粒的包围，晶界变得清晰和光滑，如图 2.11（c）所示。当保温时间增加至 50min 时，细小的晶粒沉积到大晶粒上使晶粒尺寸显著增大，液相量明显增加，而且能够发现液相在晶粒的间隙处有积聚，如图 2.11（d）所示。

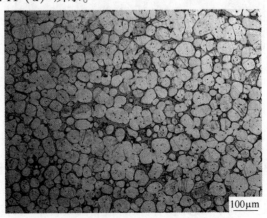

100μm

(a)

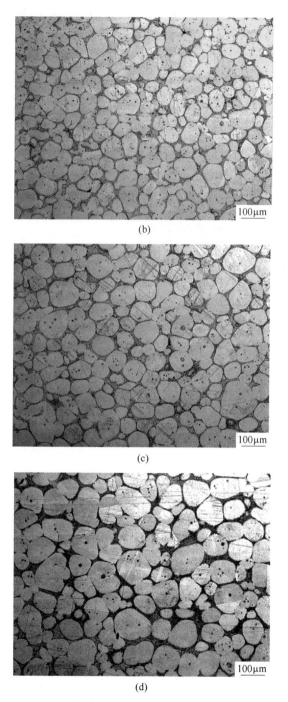

(b)

(c)

(d)

图 2.11 不同保温时间下半固态 ZCuSn10 铜合金的微观组织

（a）5min；（b）15min；（c）30min；（d）50min

图 2.12 所示为在 900℃重熔、不同保温时间下 ZCuSn10 铜合金半固态坯料的平均晶粒直径和形状因子。由图 2.12 可知，当重熔温度为 900℃、保温时间从 5min 增加到 50min 时，晶粒的平均直径随着保温时间的延长而增大，由 5min 的 45.9μm 增大至 50min 的 74.7μm，晶粒随着保温时间的延长是一个粗化的过程，且根据曲线不难发现晶粒的长大趋势同 Ostwald 熟化机理很相似，即平均晶粒直径的立方与保温时间成一定线性关系[78-80]。

$$D^3 = Kt + D_0^3 \qquad (2-4)$$

式中，D 为平均晶粒直径；D_0 为保温开始时平均晶粒直径；K 为晶粒粗化速率常数；t 为加热保温时间。

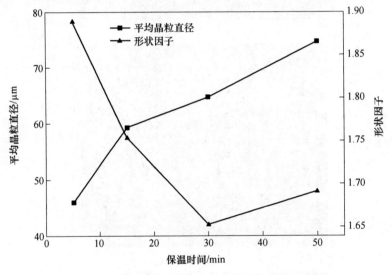

图 2.12 不同保温时间下铜合金的平均晶粒直径和形状因子

在重熔过程中，晶粒的合并长大过程与熔化过程是同时存在的，当晶粒的长大速度大于熔化速度时，晶粒表现出长大的趋势；当晶粒的长大速度小于熔化速度时，晶粒尺寸呈减小的趋势。由于曲率半径的差别，不同曲率半径的颗粒之间形成扩散偶，小颗粒沉积在大颗粒上，使大颗粒粗化。由形状因子公式可知，当晶粒为球形时，形状因子为 1；若晶粒不是球形，则形状因子大于 1，越接近于 1，则表明球化效果越好。由图 2.12 可知，随着保温时间的延长，平均形状因子先快速减小，然后又有所增大。其原因是在保温 5min 时，液相量相对较少，且晶粒之间呈相互粘连状态，不利于半固态触变成形，在用有效当量直径表征晶粒尺寸时，计算的是粘连在一起的多个小晶粒的平均直径，所以在保温时间较短时晶粒的平均形状因子较大。但是，随着保温时间的延长，液相析出量有所增加，将粘连的固相颗粒分割开和晶粒的合并长大，晶粒逐渐向球状转变，使晶粒平均

形状因子减小，当保温时间达到 30min 时，晶粒的平均形状因子最小，其值为
1.65；继续延长保温时间至 50min，由于已经粗化的晶粒粘连在一起，且独立的、
细小的晶粒沉积到大晶粒上，使晶粒的平均形状因子有所增大。

2.3.2　重熔温度对铜合金半固态组织的影响

在分析保温时间对 ZCuSn10 铜合金半固态重熔处理过程中的影响可知，
保温 30min 能够得到组织均匀性较好、形状因子最小、液相率较高的铜合金
半固态坯料。所以在研究重熔温度对多向锻造制备的铜合金半固态组织坯料
的影响时，设定的重熔工艺参数是在 850℃、875℃、900℃、925℃分别保
温 30min。

预变形铜合金在不同重熔温度保温 30min 的微观组织如图 2.13 所示。由图
2.13 和图 2.11（c）可知，当保温时间为 30min、重熔温度由 850℃升高至 925℃
时，在 850℃就已经开始出现液相，如图 2.13（a）所示，并且可以明显地看出
850℃时晶粒的球化效果已经比较好，但是由于重熔温度较低，在固相线以上
20℃左右的液相析出量较少，使其对晶界的润湿不明显，导致晶界的轮廓不清
晰。由图 2.13（b）可知独立存在液相里的晶粒极少，晶粒之间相互粘连的较
多，这种状态的组织坯料在触变成形的阻力将会很大，体现不出半固态成形的优
势和特点。但是随着重熔温度的继续升高，平均晶粒直径减小，晶粒尺寸分布不
均匀，在该重熔温度下的液相率较低，固相颗粒没有被较彻底地分割。随着重熔
温度进一步升高至 925℃，晶粒尺寸继续减小，球化效果反而变差，半固态组织
中出现大量的条状晶粒，晶界轮廓不圆滑且在晶粒的边界呈现锯齿状，晶粒内部
出现大量小熔池，液相明显增加，在液相里面还存在较多没有完全熔化的细小固
相颗粒，如图 2.13（c）所示。

重熔温度对半固态组织的平均晶粒直径和形状因子的影响如图 2.14 所示。
由图 2.14 可知，在相同保温时间为 30min 时，随着重熔温度的升高，平均晶粒
直径逐渐减小；当重熔温度由 850℃升高至 925℃，平均晶粒直径由 72.6μm 减小
至 64.1μm。平均晶粒直径随着重熔温度的升高呈现减小趋势的原因如下：晶粒
的合并长大和熔化在重熔过程中同时存在，铜合金铸锭在锻造变形后积累了形变
能，随后在重熔温度为 850~925℃时重熔，此时，随着重熔温度的升高，液相的
析出速度加快且液相量增加，这就使固相颗粒在较短的时间内与被析出的液相分
割开，并且此过程还使晶粒的合并长大受到了抑制，最终导致平均晶粒直径随重
熔温度的升高而减小。

由图 2.14 可知，随着重熔温度的升高，晶粒的形状因子呈现上升趋势。当
重熔温度由 850℃升高至 925℃，形状因子由 1.58 增加至 2.26，表明半固态组织
的球化效果越来越差，但是在 875℃以下重熔，形状因子的增大并不明显，在重

图 2.13　保温 30min 不同重熔温度下的 ZCuSn10 铜合金半固态组织

(a) 850℃；(b) 875℃；(c) 925℃

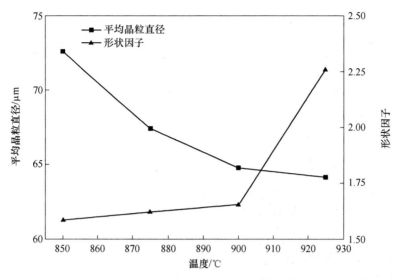

图 2.14　保温 30min 不同重熔温度下铜合金的平均晶粒直径和形状因子

熔温度为 925℃时，晶粒的形状因子有较大程度的增大。重熔温度在 900℃以下，晶粒的球化主要靠 Ostwald 熟化机制和未被液相润湿的晶粒合并，预变形过程储备大量形变能，致使在温度相对较低情况下，晶粒球化速度较快，也相对圆整。当重熔温度为 925℃时，晶粒的形状因子增大，圆整度下降，球化效果变差。主要原因如下：在 925℃保温时，半固态坯料的升温速度快且重熔温度高，在保温时间相同条件下析出的液相量较多且析出液相速度较快，液相进入晶界将形变后的枝晶组织较快分割，使粘连团聚的晶粒数减少。但是已经析出的温度较高的液相加快了对晶界的熔化，由于 Sn 的偏析使晶界成分并不是完全一样，导致其各处的熔点不一，在高温的液相下使晶界呈不平滑的锯齿状，导致晶粒被液相包围（见图 2.13（c）），由于液相对固相的吞噬较快，在液相中仍然有未完全熔化的固相小颗粒，晶粒的球化主要靠 Ostwald 熟化机制。

2.4　多向锻造与重熔制备铜合金半固态坯料存在的问题

通过对铜合金半固态组织分析及统计计算可知，采用多向锻造与重熔的应变诱发熔化激活法能够制备出组织较好的铜合金半固态坯料，对 ZCuSn10 铜合金坯料的热塑性变形温度和保温时间有一定指导，且对预变形坯料在重熔保温过程中的工艺参数进行了探讨，为分析铜合金半固态组织特征随保温时间和重熔温度的演变提供了一定参考价值。

但是在预变形阶段该方法还存在一定的不足和缺点：

（1）该预变形阶段需要额外增加一套模具，增加了空气锤锻造变形的操作难度；

（2）预变形全部过程是人为控制，变形量受到模具尺寸的限制，无法准确控制预变形坯料变形量；

（3）锻造过程中，坯料很难一次性变形完成，要经过多次加热多次锻造，使得不同批次锻造的坯料难以保证一致；

（4）在锻造过程中，空气锤每次打击力度不均匀及锻造的棒料在模具内腔里面的角度会发生变化，导致在锻造过程中容易发生断裂，以致采用这种方法难以实现连续的变形，也即是无法实现半固态坯料的连续制备且制备坯料的尺寸有局限性。图 2.15 为锻造过程中断裂的铜合金棒料。

图 2.15　锻造断裂铜合金棒料

3 多向轧制—重熔制备铜合金半固态坯料及其组织特征

通过第 2 章的分析可知，锻造与重熔制备铜合金半固态坯料存在一些问题，主要是锻造预变形存在变形量不易控制、坯料锻造容易断裂及制备坯料尺寸较小等不足和缺点，考虑到锻造预变形的锻造力度不易掌控且为冲击力等，本章提出采用多向轧制与重熔制备 ZCuSn10 铜合金半固态坯料，同时分析该方法制备铜合金半固态坯料的可行性及铜合金半固态坯料的组织特征。

3.1 轧制变形实验

采用轧制与重熔的 SIMA 法制备 ZCuSn10 铜合金半固态坯料，其过程主要是：

（1）浇铸铸锭。用金属模浇铸 30mm×100mm×160mm 的板状铜合金铸锭，按照轧制变形坯料的要求将其机加工为 25mm×25mm×80mm 的长方体坯料。

（2）轧制变形。将加工好的坯料在室温下采用两辊轧机轧制变形，首先轧制 25mm 高的一个面，然后沿棒料长度方向翻转 90°轧制第二道次，采用两道次压下量之和计算轧制变形量。轧制完成后观察坯料表面是否平整光滑，有无裂纹或者开裂等现象，选择轧制后没有发生弯曲和断裂开口的预变形坯料作为重熔试样，图 3.1 为轧制流程。

（3）重熔处理。将冷轧变形后的试样线切割为 10mm×22mm×25mm 小试样，根据多向锻造与重熔制备的铜合金半固态组织所确定的重熔工艺参数，放入工频感应加热炉中加热至固-液温度区间并保温一定时间，然后快速水淬，获得半固态组织。

（4）对不同工艺条件下获得的组织统计计算，分析轧制变形铜合金坯料在重熔过程中重熔温度、保温时间、变形量对 ZCuSn10 铜合金半固态组织的影响。

采用轧制作为预变形制备 ZCuSn10 铜合金半固态坯料主要依据如下：

（1）通过轧制的方法实现铸态坯料的预变形，变形量可以得到较好的控制，只需通过调整实验所用二辊轧机的辊缝，为研究变形量对 ZCuSn10 铜合金半固态组织的影响提供了保证。

（2）轧机轧制力大小均匀，铸态坯料在轧制过程中变形均匀。

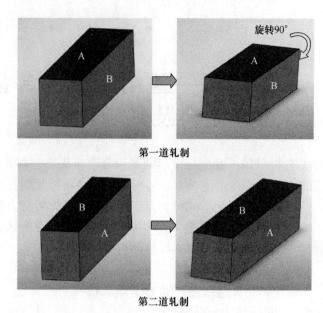

第一道轧制

第二道轧制

图 3.1　轧制流程

（3）采用轧制方法作为预变形可以实现坯料的连续变形，大大提高了制备 ZCuSn10 铜合金半固态坯料效率，更易实现工业化生产的需要。

（4）采用轧制工艺为预变形很大程度上提高了实验的可重复性及操作的简便性。

采用轧制作为预变形的方案中，分别采用冷轧和热轧两种方式，通过对两种不同预变形方式获得的轧制组织和重熔后得到半固态组织对比分析，获得最适合铜合金的预变形方式。图 3.2 为冷、热轧制与重熔制备半固态坯料工艺流程。

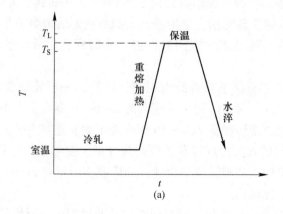

(a)

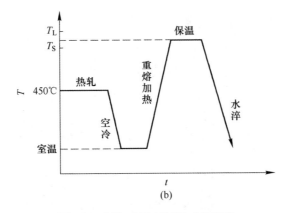

(b)

图 3.2 制备半固态坯料工艺流程

（a）冷轧与重熔制备半固态坯料；（b）热轧与重熔制备半固态坯料

3.2 冷、热轧制对铜合金铸态组织的影响

如图 3.3（a）所示，铸造 ZCuSn10 铜合金组织由树枝晶组成，并且一次枝晶和二次枝晶连接呈网状。由图 3.3（b）和（c）可知，ZCuSn10 铸锭经过冷、热轧制预变形后，组织形貌发生了较大变化。原始铸态组织中的一次枝晶和二次枝晶由于形变使枝晶相互粘连，打乱了枝晶的连续分布状态，变形积累了大量形变能，在后续的等温加热过程使组织球化。但是由图 3.3（b）可知，冷轧预变形组织的枝晶臂比热轧预变形组织破碎程度更好，且冷轧预变形的枝晶臂方向性改变较大，能看到一次枝晶臂及二次枝晶臂折断。热轧预变形后原始铸态组织也有一定程度破碎，但是枝晶臂的方向性并没有太大改变，且由于热轧前在 450℃ 保温 15min，枝晶组织发生了一定再结晶，使热轧后组织的枝晶臂较为粗大，特别是二次枝晶臂已经合并在一起。

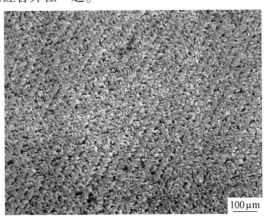

(a)

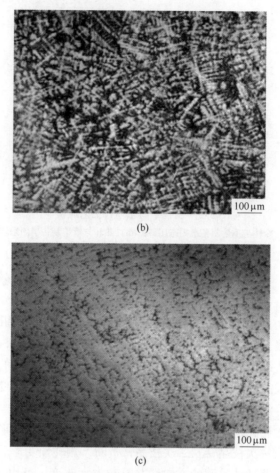

图 3.3　ZCuSn10 铜合金铸态组织和冷热轧制组织

（a）铸态组织；（b）冷轧组织；（c）热轧组织

3.3　冷、热轧制与重熔制备铜合金半固态坯料的组织特征

　　将预变形量相同的冷、热轧制坯料在工频感应加热炉中重熔处理，图 3.4 和图 3.5 分别为冷、热轧制与重熔制备得到的铜合金半固态坯料。由图可知，采用冷轧和热轧两种不同预变形方式的 SIMA 法都能够制备出较好的铜合金半固态组织。由图 3.4（a）与图 3.5（a）可知，两种预变形坯料在 900℃保温 10min 时，液相已经有小部分开始析出，对初生固相进行分割，但是能看出热轧的大部分晶粒还是呈现出一定方向性，这与之前分析预变形组织特征相符合。

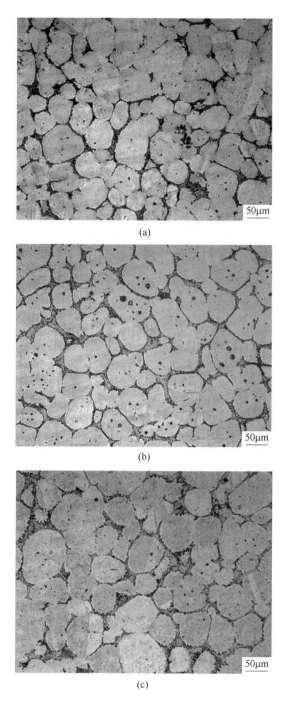

图 3.4 冷轧制备铜合金半固态坯料在 900℃重熔温度不同保温时间下的组织

（a）10min；（b）15min；（c）20min

图 3.5   热轧制备铜合金半固态坯料在 900℃ 重熔温度不同保温时间下的组织

(a) 10min；(b) 15min；(c) 20min

在保温时间为 15min 时，能得到平均晶粒直径小、晶粒形状因子小、液相量高的铜合金半固态组织，但是冷轧制备的半固态组织晶粒被液相分割更加彻底，晶粒粘连较少。随着保温时间延长至 20min，晶粒是一个粗化的过程，冷、热轧制备半固态组织由于晶粒粘连，晶粒发生合并长大，制备半固态组织则发生一定程度的粗化。从两种预变形方式制备得到的铜合金半固态显微组织观察并没有发现有较大的差别，均能够获得较好的半固态组织。

虽然冷、热两种预变形方式的 SIMA 法都能制备出较好的铜合金半固态坯料，但是就预变形方法的操作性来讲，采用冷轧更为简便，铸态坯料的预变形其间省去了铸态坯料的加热过程。最重要的一点就是采用热轧作为预变形的轧制过程中坯料容易开裂甚至断裂（见图 3.6（b）），但是冷轧预变形不会发生此开裂或断裂现象，冷轧坯料表面较为完整光滑，未发现坯料轧制后变形弯曲，坯料各部分形变比较均匀，如图 3.6（a）所示。因此确定冷轧为铜合金的最佳形变方法，所以后续主要分析工艺参数对冷轧制备的 ZCuSn10 铜合金半固态组织影响。

(a)

(b)

图 3.6　冷（a）热（b）轧制预变形坯料

3.4　工艺参数对冷轧与重熔制备铜合金半固态组织的影响

通过对以上工艺条件制备的铜合金半固态组织和预变形可行性对比分析，采用冷轧与重熔的 SIMA 法能制备出较好的 ZCuSn10 铜合金半固态坯料，且此预变形方式操作简单、变形量的控制较好、坯料各部分变形均匀，能够实现连续性地大量制坯。接下来研究了工艺参数对冷轧制备铜合金半固态组织的影响，分别对保温时间、重熔温度、变形量 3 个主要影响铜合金半固态组织的因素做了深入分析，为在此预变形方式下获得最佳的工艺参数提供一定参考和指导。

3.4.1 重熔温度和保温时间对半固态组织的影响

在重熔过程中，ZCuSn10 合金组织中低熔点的（α+δ）共析组织及枝晶 α 相与（α+δ）共析组织连接处的过渡区域会逐渐熔化，形成液相，并使得 α 固相枝晶在根部逐渐熔断，成为 α 固相颗粒。由图 3.7~图 3.9 可知，ZCuSn10 半固态坯料在850℃和 875℃重熔时，组织生成的液相量较少，晶粒粘连较严重，导致无法统计计算晶粒的当量直径和形状因子，在 900℃重熔时，组织能得到较好的细化，在保温时间达到 15min 时，晶粒的球化效果已经比较良好。能从组织照片中观察到，随着保温时间的延长，α 固相逐渐粗化，晶粒的粗化主要包含两方面的因素：一方面是晶粒的合并长大；另一方面是 Ostwald 熟化机制，小晶粒沉积到大晶粒上。

(a)

(b)

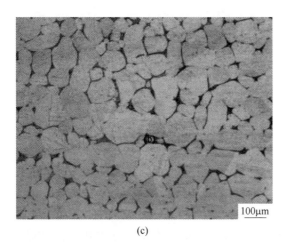

(c)

图 3.7 半固态 ZCuSn10 合金坯料在 850℃重熔温度不同保温时间下的组织

（a）10min；（b）15min；（c）20min

(a)

(b)

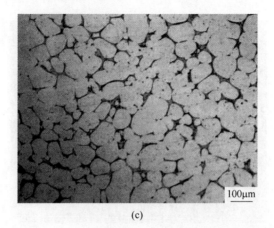

(c)

图 3.8 半固态 ZCuSn10 合金坯料在 875℃重熔温度不同保温时间下的组织

(a) 10min；(b) 15min；(c) 20min

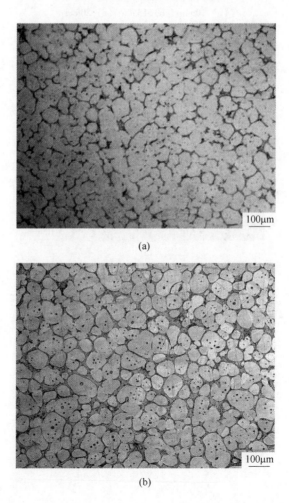

(a)

(b)

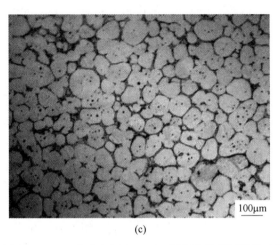

(c)

图 3.9 半固态 ZCuSn10 合金坯料在 900℃重熔温度不同保温时间下的组织
(a) 10min；(b) 15min；(c) 20min

由图 3.10 可知，在 850℃时，半固态组织的液相分数由 10min 的 6.7%增加到 20min 的 8.5%；在 875℃时，液相分数由 10min 的 17.1%增加到 20min 的 19.6%；在 900℃时，液相分数由 10min 的 24.3%增加到 20min 的 33.1%。由此说明，冷轧制备的铜合金半固态坯料在 900℃重熔保温，能获得液相率高、平均晶粒直径细小、形状因子较小的较为理想的半固态组织。

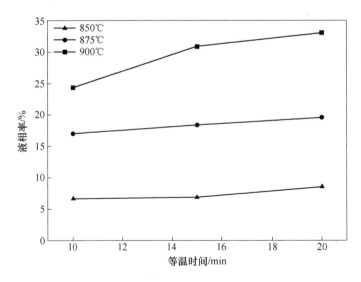

图 3.10 不同重熔温度下半固态 ZCuSn10 合金坯料的液相分数

在图 3.10 中，相同保温时间下，重熔温度越高，组织液相分数越大。其原因是在重熔保温时间一定的情况下，重熔温度越高，坯料的升温速度就越快，此时液相的析出速度也就越快，从而导致液相率越高。重熔保温时液相产生的能量主要由两个部分组成，即过热度 ΔT 提供的热量和预变形储备的变形能 ΔE，理论上总能量越高，组织中液相分数峰值应该越大。但总的来说，预变形储备的变形能 ΔE 并不能在整个重熔保温过程中起作用，重熔保温进行到一定程度时，变形能 ΔE 最终会激活释放完毕，其对半固态组织中液相生成速度及液相分数的提升作用会消失，在一定温度下合金半固态组织中液相分数最后会达到一定的平衡，平衡时液相分数的大小由该重熔温度决定，重熔温度越高，液相分数越大。

在重熔保温过程中，ZCuSn10 合金除了吸收过热度 ΔT 提供的热量及变形能 ΔE 激活释放促进组织中生成液相以外，初生 α 固相也同时会随着保温过程的进行逐渐生长，其晶粒长大速度主要由当时半固态组织中的液相分数决定。在液相分数较低的情况下，合并长大机制对晶粒生长有明显的作用，晶粒生长迅速，随着组织中液相分数提高，合并长大机制在晶粒生长过程中的作用开始减弱，虽然在液相分数较高时，晶粒长大程度相对较小，但总体上随着重熔温度提高，晶粒依然呈现长大的趋势，只是长大速度变慢。由于半固态坯料在 850℃ 时组织中液相量很少，晶粒粘连严重，因此合并长大机制对晶粒生长的作用明显。如图 3.7所示，随着保温时间延长，固相晶粒不断粗化。同样在 875℃ 和 900℃ 重熔时，随着保温时间的延长，晶粒也逐渐长大，只是随着重熔温度的提高，半固态组织中液相分数提高，合并长大机制在晶粒生长过程中的作用减弱，α 固相晶粒长大程度逐渐减小，如图 3.8 和图 3.9 所示。如图 3.10 所示，在 850℃ 和 875℃ 保温时，10min 时液相分数较低，合并长大机制作用较大，并削弱了变形能释放时对液相生成的促进效果，导致液相分数增加缓慢。在 900℃ 重熔时，由于重熔温度较高，短时间内快速生成的液相较多，此时晶粒之间相互独立，合并长大机制对变形能释放时促进液相生成的削弱作用较小，随着保温时间延长至 15min，变形能释放导致液相析出量明显增加，从保温 10min 时的 24.3% 提高到了 15min 时的30.9%，随着形变能的释放在保温时间为 15~20min 液相析出速度逐渐趋于平缓。

3.4.2　变形量对半固态组织的影响

采用 SIMA 法制备半固态坯料研究的重点和难点就在于分析变形量对半固态组织的影响。在大多数情况下其变形量不便于测量和计算，或者其变形量的可比性不强。本章采用轧制作为预变形方式，能够准确测量变形量的大小，对整体全面分析变形量工艺参数的影响较为有利。

将轧制预变形的长条状坯料线切割成 25mm×25mm×25mm 的正方体试样（保证重熔试样尺寸一致），然后将轧制获得的四种变形量为 7%、12%、17%、22%的试样分别在 900℃ 下分别保温 5min、10min、15min、20min，在到达预设重熔时间后迅速水淬，然后制备金相试样。图 3.11 为不同变形量下 ZCuSn10 铜合金坯料在 900℃保温 5min 的微观组织。当形变量为 7% 时，半固态组织为连续团块状分布，液相的析出量极少，只是在晶粒间隙局部的区域产生，且由于枝晶臂的合并导致晶粒的内部产生少量熔池，枝晶尖角变得圆滑（见图 3.11（a））。当变形量增大至 12% 时，由于预变形储备的形变能更多，在重熔保温过程中液相的析出速度更快且液相的析出量更多，析出的液相将对晶界的润湿效果改善，使晶界增多（见图 3.11（b））。当变形量增加到 17%，液相量析出有所增加，晶粒的粘连程度得到了改善，但是独立存在液相中的晶粒数目较少（见图 3.11（c））。当变形量增加至 22% 时，在晶粒的间隙处液相量较多，晶粒被液相润湿的程度更加好，但是各部分的液相并没有完全贯通，并且固相颗粒基本连接在一起，半固态坯料组织还是以固相颗粒为骨架，只是在晶粒间隙处有液相存在，在触变成形时表现出固态成形的特性（见图 3.11（d））。由此可知，由于保温时间过短，组织中析出的液相率低，晶粒的球化效果不彻底，变形量为 7%、12%、17% 和 22% 的预变形坯料在 900℃保温 5min 均不能得到较好的半固态组织。

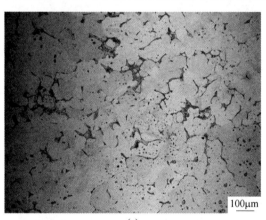

(a)

(b)

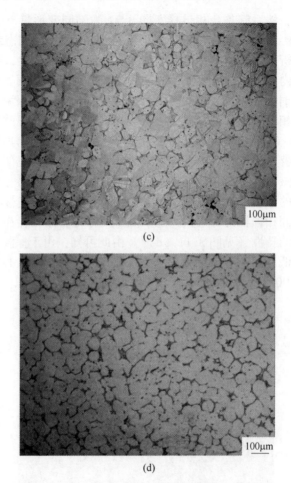

图 3.11   不同变形量下 ZCuSn10 铜合金坯料在 900℃保温 5min 的微观组织

（a）7%；（b）12%；（c）17%；（d）22%

不同变形量铜合金坯料在 900℃保温 10min 的微观组织如图 3.12 所示。当将保温时间延长至 10min，各变形量的显微组织形貌都得到了较大程度的改变。如图 3.12（a）所示，当变形量为 7%时，初生的 α 相在析出液相的分割下呈不规则的块状，但是由于液相量较少没有相互贯通，且由于变形量较小和保温时间较短两个方面的因素使晶粒的球化较差。当变形量增加至 12%时，液相的析出量增加且分布更加均匀，晶粒内部也出现了大量熔池，已经有部分独立的固相颗粒被分割出来，晶界增多且晶粒的轮廓更加清晰，但是局部的一些区域还是存在晶粒的粘连，同时在晶界处的液相还是较少，仅在固相颗粒表面形成了很薄的一层液膜，如图 3.12（b）所示。当变形量增加到 17%时，晶粒的细化更加明显，在晶界处有部分液相析出，且在晶粒夹角处聚集的液相增加，如图 3.12（c）所示。

随着形变量增加到 22%，析出的液相量有较大程度的增加，独立的晶粒数量增加，大部分液相也贯通呈连续分布，固相颗粒的圆整度得到明显提高，如图 3.12 (d) 所示。通过对不同变形量在 900℃保温 10min 下的显微组织比较可知，变形量为 22%能获得较好的半固态组织。

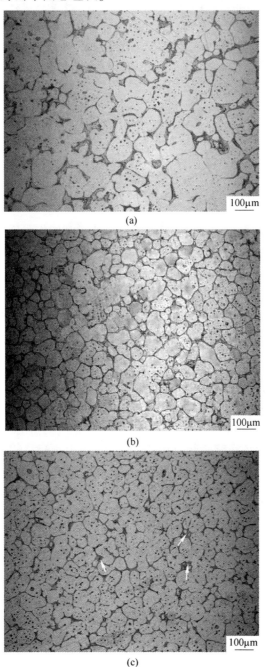

(a)

(b)

(c)

(d)

图 3.12　不同变形量下 ZCuSn10 铜合金坯料 900℃保温 10min 的微观组织

(a) 7%；(b) 12%；(c) 17%；(d) 22%

不同变形量铜合金坯料 900℃保温 15min 的微观组织如图 3.13 所示。当变形量为 7%时，液相分布不均匀，固相颗粒仍然呈团块状，主要原因是由于形变量较小，储备的形变能较小，同时液相的析出较慢，液相量较低，破碎的枝晶相互粘连合并长大，使晶粒最后呈团块状，如图 3.13（a）所示。当变形量增加为 12%时，固相颗粒得到明显的细化，圆整度也有所提高，如图 3.13（b）所示。随着变形量增加至 17%，晶粒直径有所减小，如图 3.13（c）所示。随着变形量增加至 22%，液相逐渐将固相颗粒分割，晶粒之间相互粘连接触的面积较少，在触变成形过程中容易变形折断成单个独立的小颗粒，固相颗粒的分散度及圆整度较好，液相量较大，晶界十分清晰（见图 3.13（d））。因此在 900℃保温 15min，22%的变形量能获得较好的半固态组织。

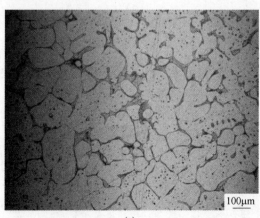

(a)

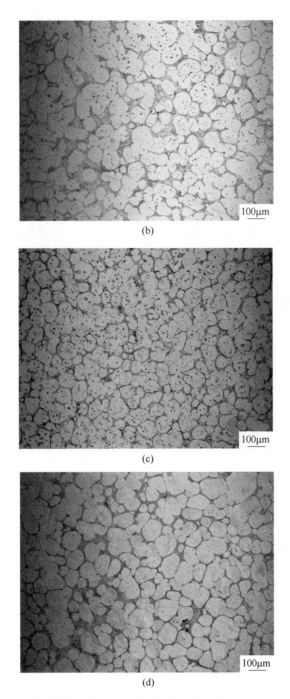

图 3.13　不同变形量下 ZCuSn10 铜合金坯料 900℃保温 15min 的微观组织

（a）7%；（b）12%；（c）17%；（d）22%

不同变形量的坯料在900℃保温20min的微观组织如图3.14所示，从图中可以看出，随着变形量的增加，组织的演变过程大致类似，但是随着保温时间的延长液相量均有所增加。当变形量为7%时，组织为不规则连接的块状，且组织中的液相和固相分布不均匀，如图3.14（a）所示。当变形量为12%时，组织得到了较大改善，有较多的液相析出且晶粒球化较好，如图3.14（b）所示。当变形量增加为17%、22%时，从金相照片中看出此时的铜合金半固态重熔组织较好，而且从变形量为22%的显微组织（见图3.14（d））看出，晶粒尺寸的均匀性与分散性比17%的（见图3.14（c））更好，固相颗粒被液相包裹、晶粒圆整度好、液相量大。

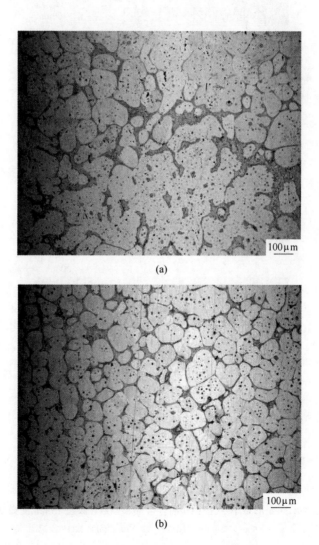

(a)

(b)

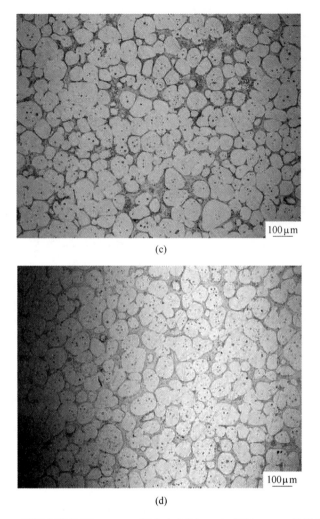

(c)

(d)

图 3.14 不同变形量下 ZCuSn10 铜合金坯料 900℃保温 20min 的微观组织

(a) 7%；(b) 12%；(c) 17%；(d) 22%

图 3.15 为不同变形量铜合金半固态坯料在 900℃不同保温时间下的固相率变化。由图可知，在相同的重熔温度和保温时间下，随着变形量的增大，固相率减少，液相率越大，其原因是变形量越大，储备的形变能越多，在重熔保温过程中提供液相析出的能量多，液相的析出速度更快。且从图中可以发现，随着保温时间的延长同一变形量的铜合金半固态坯料的固相量逐渐减小，当保温时间为5~10min 时，固相量的减少速度较快，随着保温时间继续延长，固相量的减少速度逐渐缓和，分析其主要原因是液相生成能量主要来自电阻炉提供的热量和形变储备的形变能，在保温开始阶段，变形能提供了一部分液相析出的能量，在两部分

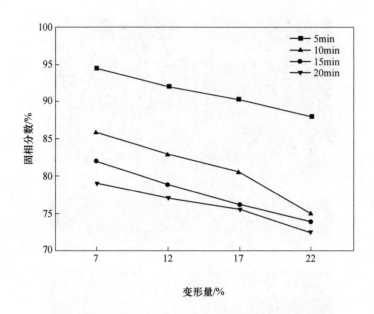

图 3.15   不同变形量 ZCuSn10 铜合金坯料在 900℃
不同保温时间下的固相率变化

的能量作用下使液相的析出速度较快，随着保温时间的延长，形变能逐渐释放，所以析出液相的速度减缓。根据相图可知，在保温时间足够长的情况下，组织的固-液比将会趋于平衡值。

图 3.16 为不同变形量铜合金半固态坯料在 900℃不同保温时间的平均晶粒直径。从图中可以看出，变形量为 7% 时晶粒直径较为粗大，当变形量大于 12% 时，平均晶粒直径迅速减小，说明约为 12% 的变形量是铜合金半固态组织晶粒细化的门槛值。但是当变形量增大为 17%，晶粒直径进一步减小，继续增大变形量至 22%，固相颗粒的平均晶粒直径并没有发生较大变化，减小趋势逐渐趋于平缓。且不难发现，随着保温时间的延长，铜合金半固态坯料的平均晶粒直径是一个逐渐粗化的过程，平均晶粒直径为 50~100μm。

图 3.17 为不同变形量铜合金半固态坯料在 900℃不同保温时间下的形状因子。由图可知，随着变形量的增加，晶粒的形状因子也是逐渐减小的，主要原因是大的形变对铸态枝晶的破碎程度更好，储备的形变能更多，在相同的重熔温度和保温时间下，变形量越大使液相的析出速度较快且液相量更多，对破碎的枝晶进行分割和包围，在较大形变能作用下发生球化，所以形状因子较小。且在变形量为 22%、保温 20min 时能够得到形状因子最小为 1.67 的晶粒，随着保温时间的延长，同一变形量的铜合金半固态坯料的形状因子是一个逐渐减小的过程，逐

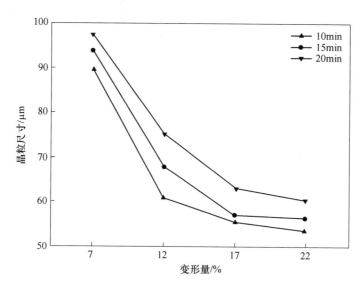

图 3.16 不同变形量 ZCuSn10 铜合金坯料在 900℃
不同保温时间下的平均晶粒直径

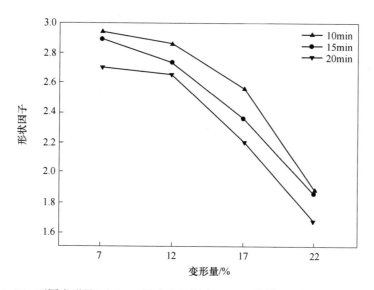

图 3.17 不同变形量 ZCuSn10 铜合金坯料在 900℃ 不同保温时间下的形状因子

渐产生液相将固相包围，破碎或碎断的枝晶尖角逐渐被熔化，使晶界变得逐渐圆
整光滑。

综上所述，通过对重熔温度、保温时间及变形量对冷轧与重熔制备的 ZCuSn10 铜合金半固态坯料显微组织影响分析可知，最佳重熔温度为 900℃、最佳重熔时间为 15~20min、最佳变形量为 22%，因此该工艺条件下能够获得液相率高、平均晶粒直径小及形状因子小的铜合金半固态组织。

4 铜合金半固态坯料球化组织的形成机理

对于 SIMA 法制备半固态组织演变机理至今尚未形成统一的理论，且关于采用 SIMA 得到球形晶粒的转变机制也说法不一。有研究人员认为由于对坯料实行预变形，在发生塑性变形的合金进行重熔处理的过程中首先发生再结晶，如果再结晶形成的新晶能大于液-固界面能的 2 倍，析出的液相就能够渗入再结晶的晶界，大晶粒由于液相的渗入而熔断成为小晶粒。也有研究人员认为对坯料的预变形使枝晶产生畸变、微裂纹、亚晶界、位错、空位等缺陷，在随后的半固态坯料重熔过程中，存在的缺陷发生聚合，使枝晶迅速破断，得到细小的晶粒。而关于 ZCuSn10 铜合金半固态坯料的研究未见国内外公开报道的科研文献，关于该合金半固态组织演变机理分析的研究就更少。

为掌握 SIMA 法制备 ZCuSn10 铜合金半固态组织演变机理，实验将铸态铜合金不经过预变形直接重熔处理，观察铸态组织在重熔过程组织的演变过程及组织特征。并将预变形的铜合金坯料重熔处理，为了更加深入和全面地观察半固态组织在重熔时的演变过程，在重熔保温时间工艺参数的设计上增加了 1min、3min、5min、8min 等短时间保温实验。通过该方法能够清晰了解不同时间段组织具体演变过程，且采用 SEM、EDS、XRD 等分析手段对组织进行了分析。

4.1 铸态 ZCuSn10 铜合金不同保温时间的组织演变

图 4.1 为铸态 ZCuSn10 铜合金在 900℃ 等温重熔不同时间下的金相组织。当将铸态 ZCuSn10 铜合金直接放入工频电阻炉中 900℃ 保温 1min 时，大部分还是树枝晶组织，局部由于坯料受热升温，一次枝晶臂或二次枝晶臂的合并使组织呈团块状，如图 4.1（a）所示。当保温时间延长至 5min 时，此时枝晶臂之间的合并作用比较强烈，使组织由树枝晶转变成大块状的晶粒组织，但是晶粒的大小和形状与铸态的原始枝晶组织有关。枝晶间隙的低熔点共析体由于枝晶的熔合包围在晶粒内部，并且能观察到晶界的存在，晶粒的共析体熔化成液相，形成了点状熔池，晶界处也有少量液相析出，如图 4.1（b）所示。当保温时间延长至 10min时，晶粒内部的熔池增多且晶粒的尖角更加圆滑，晶界出的液相率有所增加，由于液相的渗入使组织的晶界有所增加且更加清晰，如图 4.1（c）所示。当保温时间延长到 20min 时，熔池的数量有所增多、体积有所增大、晶界的轮廓也较为

光滑，但是并未发生明显的球化，晶粒尺寸大小不一，如图4.1（d）所示。这种直接将铸态铜合金坯料重熔获得的组织液相率较低，仅在晶界处存在极少量的液相；平均晶粒直径粗大，相互邻近的枝晶合并成大块状的晶粒；晶粒的形状因

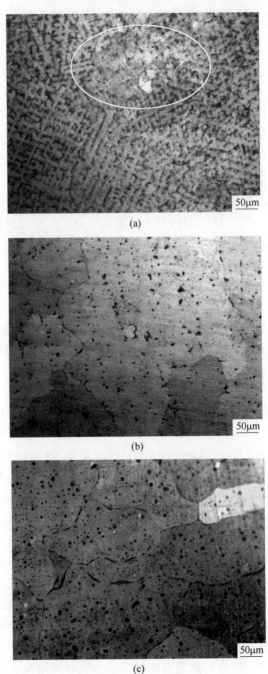

(a)

(b)

(c)

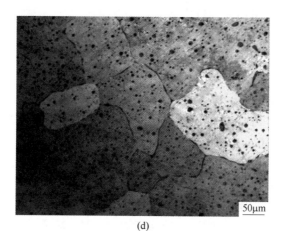

(d)

图 4.1 铸态 ZCuSn10 铜合金 900℃等温重熔不同时间下的金相组织

(a) 1min；(b) 5min；(c) 10min；(d) 20min

子较大，只是在表面张力作用下，晶粒的尖角有所钝化，但是整体并没有大量获得球形或者近球形晶粒，因此，采用铸态铜合金坯料直接重熔不能获得较为理想半固态组织。

4.2　铜合金半固态不同保温时间的组织演变

本节为更加深入和全面地研究 ZCuSn10 铜合金半固态不同保温时间的组织演变过程，对预变形的铜合金坯料在 900℃分别保温 1min、3min、5min、8min、10min、15min、20min，通过实验获得显微组织，对半固态组织的球化机理及组织演变做一定分析。

图 4.2 为预变形铜合金坯料在 900℃不同保温时间的组织演变规律。从图 4.2（a）中可以看出，当保温时间为 1min 时，并未看到有明显的液相析出，组织还是破碎的枝晶，与预变形组织形貌基本接近。但与图 4.1（a）对比，铸态组织经过预变形，枝晶组织发生形变而断裂或破碎，将有利于在重熔过程中组织球化和液相的析出。当保温时间为 3min 时，开始有少量的液相析出，枝晶的轮廓变得模糊，二次枝晶臂经过合并消失，在枝晶内出现细点状的熔池，此时晶粒内部发生再结晶可减少组织内应力并产生大量再结晶晶界，如图 4.2（b）所示。当保温时间延长到 5min 时，如图 4.2（c）所示，此时析出的液相分布在枝晶的间隙处，同时晶粒的内部也出现较小的熔池。随着液相的析出将破碎的枝晶逐渐分割开，枝晶臂之间及枝晶之间开始合并长大，并且预变形储备了形变能，使大部分的晶粒呈团块状并相互连接，但是由于保温时间较短，析出的液相并没有将晶粒从根部熔断。随着保温时间的继续延长，当保温时间达到 8min 时，如

图4.2（d)所示，析出的液相量增加，首先对晶粒进行包围使晶界增多且变得清晰，其次对晶粒之间连接曲率高的凹陷处熔断，对晶粒实行分割。从图中可以看出，晶粒进一步球化并明显长大，此时是合并长大方式占主导地位。晶粒内部熔池比保温 5min 有所增大，数量也有所增多。当保温时间到达 10min 时，如图4.2（e)所示，晶粒的球化效果已经非常明显，液相率也进一步增多，连接的团块状晶粒分割开，使独立存在液相中的晶粒数量增加。随着保温时间的进一步延长，当保温时间为 10~15min 内，由于液相贯穿起来将晶粒分离，此时 Ostwald 熟化机制占主导地位使晶粒长大，即在表面张力作用下，晶粒高曲率部位溶质发生熔解并向低曲率部位沉积，导致大晶粒继续长大，小晶粒则逐渐熔解变小甚至消失，而晶粒形态则逐渐趋于球形，晶粒的数量也迅速减少，使晶粒的粗化很明显，如图 4.2（f）所示。当保温时间达到 20min 时，随着液相中小尺寸晶粒沉积到大尺寸晶粒上，以及经过粗化的晶粒再次发生合并长大，使晶粒的尺寸明显增大，不利于半固态触变成形，如图 4.2（g）所示。

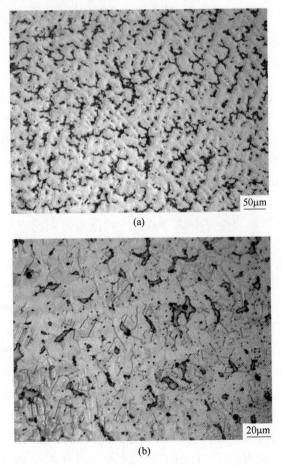

50μm

(a)

20μm

(b)

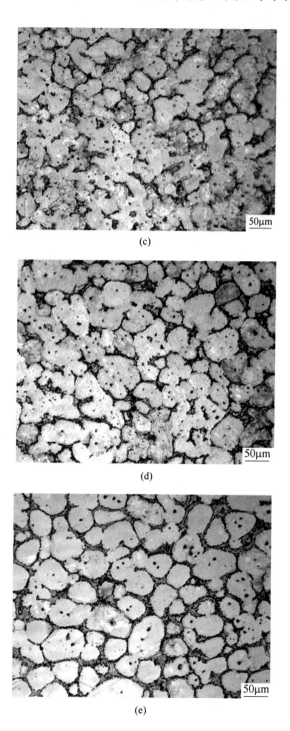

(c)

(d)

(e)

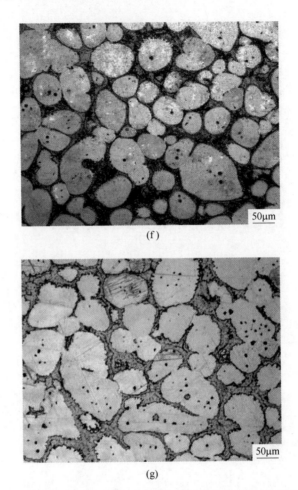

图 4.2 半固态 ZCuSn10 铜合金 900℃等温重熔不同时间下的组织

（a）1min；（b）3min；（c）5min；（d）8min；（e）10min；（f）15min；（g）20min

图 4.3 为900℃重熔时不同保温时间下铜合金半固态组织的平均晶粒直径和液相分数。由图 4.3 可知，当重熔温度为900℃、保温时间在20min内时，晶粒的平均直径和液相率随着保温时间的增加而增大，分别由 8min 的 41.7μm 增大至 20min 的 58μm，由 5min 的 23.5%增加至 20min 的 32.7%。在重熔过程中，晶粒的合并长大过程与熔化过程同时存在。在液相率较少时，晶粒的长大主要通过合并长大的方式，因为晶粒的合并依赖于相邻晶粒之间的连接程度，液相分数越低，相邻晶粒数量则越多，晶粒之间的连接程度则越高，晶粒发生合并就越容易；当液相率较高，特别是液相将固相晶粒分割开时，主要通过 Ostwald 熟化机制长大。

图 4.4 为900℃不同保温时间的圆整度曲线，由图可知，当保温时间为 8～

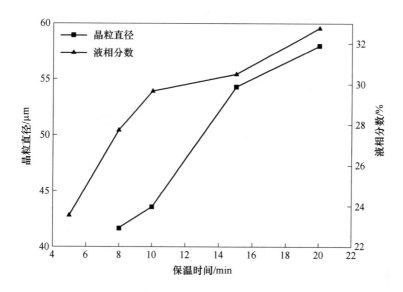

图 4.3　900℃不同保温时间下 ZCuSn10 铜合金的平均晶粒直径和液相分数

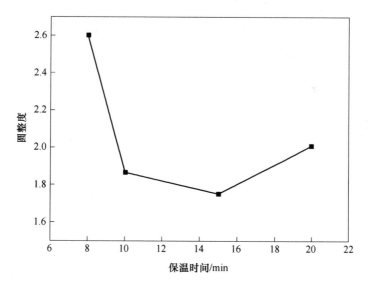

图 4.4　900℃不同保温时间下 ZCuSn10 铜合金的圆整度

15min 时，组织形状因子下降，圆整度越来越好，继续延长保温时间至 20min，形状因子上升，晶粒圆整度变差。其原因是在保温刚开始阶段，由于析出的液相相对较少，晶粒之间相互粘连，晶粒粗化主要靠晶粒的合并和堆砌长大，因此 8min 的形状因子较大。8min 后保温液相率相对较多，液相迅速将晶粒与晶粒之间高曲率凹陷连接处分割开并开始熔化包围晶粒，在形变能和表面张力的作用下使晶粒逐渐球化、形状因子下降，并在保温 15min 时获得形状因子最小的铜合金组织。随着保温时间继续延长形状因子反而上升，主要原因是在 20min 时晶粒的尺寸较大，从图 4.2（g）中可以看出，Ostwald 熟化机制使小晶粒沉积到大的晶粒上，由于晶界接触扩散，经过粗化的晶粒再次发生合并长大。

4.3　铜合金半固态组织的演变机理

锡青铜在浇铸时锡结晶温度为 232℃，铜结晶温度为 1080℃，容易导致锡产生偏析。图 4.5 为 ZCuSn10 铜合金铸态组织不同位置点扫描分析结果，分别对铸态组织的树枝晶内部（图 4.5 中的点 1）、靠近晶界处（图 4.5 中的点 2）、树枝晶间隙（图 4.5 中的点 3）3 个位置进行了点扫描分析。由点扫描数据可知，从树枝晶内部到树枝晶间隙锡的质量分数和摩尔分数是逐渐增加的，质量分数由 7.36%增加到 28.54%，摩尔分数由 4.08%增加到 17.62%；铜的质量分数和摩尔分数是逐渐减少的，质量分数由 92.64%减少到 71.46%，摩尔分数由 95.92%减

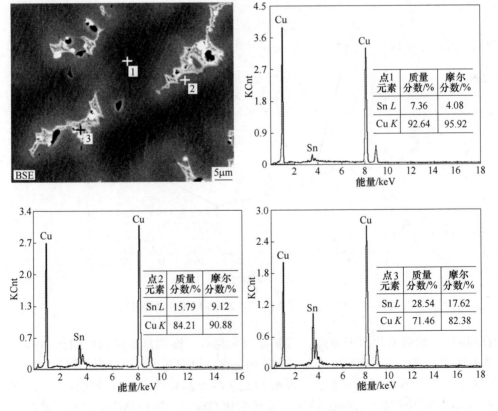

图 4.5　ZCuSn10 铜合金铸态组织不同位置点扫描分析

少到 82.38%，说明在重熔保温时锡元素从液相向 α 固相中扩散迁移。在整个重熔保温过程中，由于锡元素的扩散，液相逐渐吞噬固相，固相的尖角和突出部分优先被液相吞噬，使初生的 α 相晶粒趋于圆整。

ZCuSn10 铜合金预变形量时组织内部出现大量孪晶及位错缠结，孪晶窄而密集，部分孪晶内部还存在位错缠结，垂直于孪晶方向有位错线露出，如图 4.6 所示，切变导致大量孪晶并产生一定的取向性，而位错缠结会导致亚晶界的增加，晶粒破碎细化。图 4.7 为 ZCuSn10 铜合金的铸态、预变形及重熔后水淬试样的 XRD 结果，3 个状态试样的物相均为锡在铜中得 α 相固溶体，由于 δ 相含量较少，未能在 XRD 中测出。预变形量试样相对于铸态试样（200）峰明显加强，这可能是由孪晶造成的组织取向性导致的，而（220）峰加宽说明相对于铸态试样

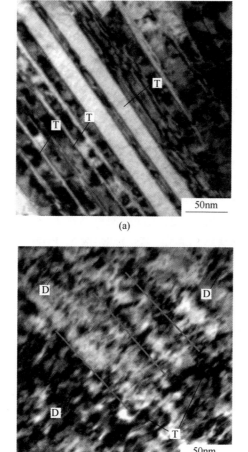

(a)

(b)

图 4.6 ZCuSn10 铜合金预变形态组织的 TEM 像

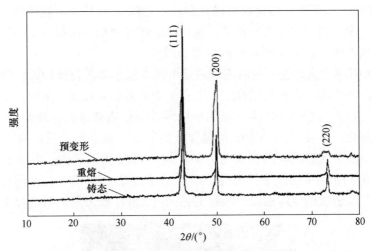

图 4.7 ZCuSn10 铜合金的铸态、预变形及重熔态组织 XRD 曲线

轧制后 ZCuSn10 铜合金组织中晶粒发生破碎细化，这与组织中大量位错缠结有关。在轧制后增强的（200）峰和加宽的（220）峰经过重熔保温后减弱并变窄，说明轧制变形造成组织中的取向性消失，轧制后储备的形变能在重熔保温过程中释放了。

因此 ZCuSn10 铜合金坯料预变形后在重熔处理过程中，合金首先发生再结晶减少组织内应力，产生大量再结晶晶界。由于原子沿着晶界的扩散速度大于晶内的扩散速度，再结晶晶界的溶质浓度较高，且枝晶的根部曲率较大，导致根部处溶质浓度较高，同时预变形后，枝晶的根部容易产生应力集中，使液相在晶界和间隙处生成，所以在再结晶晶界和枝晶根部最先熔化出现液相。熔池出现由于枝晶臂的合并及液相分割使低熔点共析相保留在晶粒内部。随着等温时间的延长液相逐渐润湿晶界，由于形变储备的变形能使析出的液相将碎断的枝晶包围，并在形变能的作用下发生最先使枝晶的尖角圆整，然后在液相的包围下发生球化，使大部分的晶粒呈团块状。随着等温时间的延长，液相的析出量逐渐增加，被液相分割开的固相在变形能及表面张力的作用下发生球化，最后在保温一定时间后能够获得球化效果良好、晶粒细小、液相分数适当的半固态组织。但是随着保温时间的进一步延长，晶粒由于合并长大，晶粒尺寸逐渐增大，使圆整度反而下降，不利于触变成形。

5 单向压缩铜合金半固态坯料变形行为和组织演变

5.1 铜合金半固态坯料单向压缩的变形方法

5.1.1 实验材料

实验原材料是 ZCuSn10 铜合金棒料，能谱分析的化学成分见表 5.1，其显微组织如图 5.1 所示，微观组织为粗大的枝晶组织，由 α 相和共析体（α+δ）相组成。其中 α 相是锡元素溶于铜中的置换固溶体，δ 相是以电子化合物（$Cu_{31}Sn_8$）为基体的固溶体，（α+δ）共析体被粗大的树枝晶 α 相包围并处于其间隙中。

表 5.1 ZCuSn10 铜合金化学成分

元　素	Cu	Sn	其他
质量分数/%	88.25	10.48	1.27

图 5.1 常规铸态 ZCuSn10 铜合金微观组织

采用同步热分析仪对 ZCuSn10 铜合金进行差热分析（DSC）确定该合金的固相线温度为 830.4℃、液相线温度为 1020.7℃，其 DSC 曲线如图 5.2 所示。半固态金属是在固相线和液相线之间成形的，因此固-液相线温度区间窄的合金不适于半固态成形。

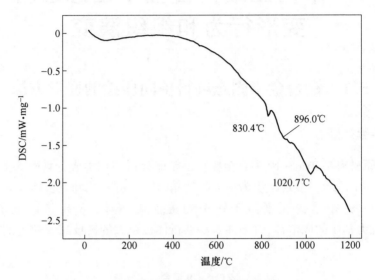

图 5.2　ZCuSn10 铜合金铸锭的 DSC 曲线

DSC 检测表明，ZCuSn10 铜合金固相线和液相线温度差达 190℃，因此该合金适用于半固态成形。图 5.3 是 ZCuSn10 铜合金半固态微观组织，液相率为 19.4%、圆整度为 2.02、平均晶粒直径为 143.9μm。

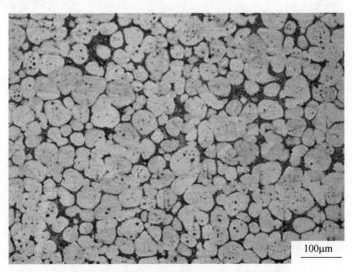

图 5.3　半固态 ZCuSn10 铜合金半固态微观组织

5.1.2 实验方法及技术路线

选取 SIMA 法制备的半固态 ZCuSn10 铜合金坯料为研究对象，探讨半固态 ZCuSn10 铜合金等温压缩实验中变形行为及组织演变规律。通过不同应变量、不同应变速率、不同温度下的压缩实验，测定真应力-真应变曲线，回归分析得到半固态 ZCuSn10 铜合金的本构方程。并对单等温缩后的半固态 ZCuSn10 铜合金试样不同变形区域进行连续拍照拼图分析，研究半固态 ZCuSn10 铜合金在等温压缩实验中的组织演变规律和固-液相流动规律。

实验中半固态 ZCuSn10 铜合金坯料采用应变诱导熔化激活法（SIMA）制备，制备工艺过程包括预变形和重熔保温两个阶段。与其他获得半固态组织的方法相比，SIMA 法由于省去了液态熔体的处理过程，增加了半固态金属坯料的可处理性，制备得到的半固态坯料致密度高、无污染、适用范围广，尤其对制备较高熔点的非枝晶合金具有独特的优越性，因此很适合于制备高熔点的 ZCuSn10 铜合金半固态坯料[65]。

SIMA 法的步骤如下：

（1）对常规铸造的金属合金进行一定量的预变形，这个过程主要是为了破碎常规铸造金属内部粗大的枝晶结构，使金属坯料的系统自由能增加，结合重熔保温处理促使原子扩散和低熔点共析组织的熔化及在原始枝晶的边界处重新形核，在合金体系自由能趋于最小和液相的润湿作用下，发生再结晶的颗粒逐渐演变成细小、圆整的半固态球形颗粒。在 SIMA 法中，塑性变形引起位错密度的增大提高了合金体系自由能。因此，预变形程度直接影响合金体系储存的变形能，从而影响再结晶颗粒的大小和数量。

（2）对预变形后的金属合金进行重熔保温，将其加热到金属合金的固-液温度区间并等温一定时间，这个过程主要是使金属合金处于半固态温度区间，之前预变形被打碎的枝晶边界部分熔断并重新形核长大，在热能的作用下释放储存的变形能，使被打碎的枝晶组织和发生再结晶的晶粒慢慢变得圆整、细小；最后通过空冷或者水冷等快速冷却的方法保留其半固态组织，得到具有均匀、细小、圆整的球形晶粒的半固态坯料。

可以明显地看出，SIMA 法制备半固态坯料的 3 个重要的参数是预变形量、重熔保温的温度和重熔保温的时间，可以通过选择不同的预变形程度、重熔保温的温度和重熔保温时间来制备具有不同圆整度和固相率的半固态坯料。

研究半固态 ZCuSn10 铜合金塑性变形行为的实验方法为单向压缩实验。学者们对半固态金属变形行为开展了大量的实验和理论研究，主要的实验方法有压痕实验、单向压缩实验、挤压实验和拉伸强度实验，其中最为常用的是单向压缩实验。这是由于半固态浆料具有一定的液相，而液相流动性大且变形抗力较低易使试样拉断，半固态浆料很难进行拉伸实验。在半固态坯料成形过程中，例如挤压、轧制、锻造等，单向压缩实验比较接近于这些变形方式的变形过程，因此单向压缩实验经常用来模拟与应力、应变和温度有关的变形过程。

半固态试样变形行为的影响因素很多，主要有固相率、应变速率、变形量和变形温度。一般地，变形温度和变形量对半固态金属坯料变形后的组织有直接影响，压缩变形时，当变形量超过临界变形量时，固相晶粒开始变小。随着变形量的增加，变形机理在变化，固-液相的偏析现象也在变化。应变速率的快慢影响内部固相晶粒和液相的变形和流动，小的应变速率使得固相晶粒和液相、固相晶粒之间、液相之间可以有足够的时间变形，而大的应变速率则使得这些变形不充分。变形温度主要影响半固态金属坯料的液相率，从而影响变形时流变应力的大小。

综上，单向压缩实验采用控制变量法，分别研究不同预变形量时半固态ZCuSn10铜合金的压缩变形行为和相同固相率下，不同温度、不同应变速率、不同应变量的半固态ZCuSn10铜合金压缩变形行为。同时对半固态ZCuSn10铜合金和常规铸态的ZCuSn10铜合金在相同条件下进行单向压缩实验，对比讨论半固态ZCuSn10铜合金变形行为与常规铸造ZCuSn10铜合金变形行为的不同。通过单向压缩实验得到不同条件下的半固态ZCuSn10铜合金和常规铸造ZCuSn10铜合金的真应力-应变曲线和压缩试样不同变形区域的金相组织照片，辅助其他的分析手段，如Image-pro Plus软件对组织进行定量计算，包括固相率、形状因子、圆整度等；利用光学电子显微镜、扫描电子显微镜（SEM）、电子背散射衍射（EBSD）等分析仪器对压缩试样压缩后不同变形区域组织演变规律进行分析。具体的实验技术路线如图5.4所示。

5.1.2.1 半固态ZCuSn10铜合金坯料的制备

半固态ZCuSn10铜合金坯料的制备过程为：

（1）铸锭的制备与轧制。ZCuSn10铜合金在1180℃浇注至金属模成形，凝固后开模取出空冷至室温，获得ZCuSn10铜合金铸锭。在铸锭上截取试样，机加工为25mm×25mm×150mm的矩形棒料作为轧制试样。通过控制轧制压下量得到不同预变形量的试样，轧制实验设备为二辊轧机，采用两道次冷轧的方式进行轧制，两道次轧制完成后，计算其累计变形量为最后坯料的总变形量。这一步主要是通过冷轧变形打碎常规铸态ZCuSn10铜合金发达的树枝晶组织，并储存一定的形变能。

（2）半固态温度区间等温处理。半固态温度区间等温处理所有的压缩试样等温过程均在910℃下进行，研究不同预变形量的半固态ZCuSn10铜合金压缩变形行为与组织演变的压缩试样保温时间为20min，研究不同压缩参数下的半固态ZCuSn10铜合金压缩变形行为与组织演变的压缩试样保温时间为25min。保温处

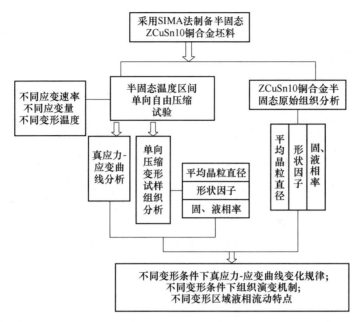

图 5.4 实验研究工艺流程图

理后立即水淬,得到具有原始组织的 ZCuSn10 铜合金半固态试样;利用Image-pro Plus 软件计算等温过程中原始半固态组织的晶粒尺寸、圆整度和形状因子。

5.1.2.2 单向压缩实验

半固态单向压缩实验采用 φ10mm×15mm 的圆柱形试样,在 Gleeble-1500 材料热/力模拟试验机上进行,如图 5.5 所示。该设备的压缩试样为水平夹持,其优点在于可以减轻压缩试样在加热过程中液相下流导致的"大象脚"现象,并且 Gleeble-1500 材料热/力模拟试验机利用电阻加热,这样可以在较短的时间内使压缩试样达到预定的温度并使压缩试样各处的温度均匀。为了减少压缩过程中摩擦阻力的影响,压缩试样按照《金属材料室温压缩试验方法》(GB/T 7314—2005)中有关压缩试样制备要求进行加工,压缩过程中试样端部涂有一定量的石墨润滑。压缩实验过程中,温度及压缩实验过程的控制均通过压缩试样上镶嵌的热电偶完成。一般采用的电焊镶嵌热电偶方法容易使压缩试样内部形成不均匀的温度场,在加热过程中,由于温度分布不均导致局部温度过高使得热电偶脱落而导致压缩实验失败。为了克服局部高温下压缩试样表面热电偶易脱落的问题,采用机械法镶嵌热电偶在压缩试样表面钻一个深 2mm、直径为 1mm 的小孔,将热电偶插入小孔中固定好,以便准确地测量试样的实际温度。机械固定热电偶的方法提高了压缩实验的成功率和准确率。

图 5.5 Gleeble-1500 热模拟试验机

图 5.6 为等温压缩实验工艺示意图，压缩实验时，加热速度为 10℃/s，但为了避免加热系统的惯性使试样的实际温度超出预定变形温度，在加热到距预定变形温度 50℃时，加热速度降为 2℃/s，为了使压缩试样温度分布均匀，加热到预定变形温度之后保温一段时间（本章中不同预变形量的半固态 ZCuSn10 铜合金压缩样保温 10s，相同固相率不同压缩参数的半固态 ZCuSn10 铜合金压缩试样保温 20s）。研究不同预变形量对半固态 ZCuSn10 铜合金压缩后组织与真应力-应变曲线的影响时，采用预变形量为 13.8% 和 20.8% 的试样；研究不同压缩参数对半固态 ZCuSn10 铜合金压缩后组织与真应力-应变的影响时，采用预变形量为 13.8% 的试样。具体的热压缩变形参数为：实验热压缩应变量分别为 0.05、0.1、0.2、0.4、0.6、0.8，变形温度分别为 900℃、910℃、920℃、930℃，应变速率分别为 0.05s^{-1}、1s^{-1}、5s^{-1}、10s^{-1}。试样在半固态温度区间压缩变形后立即水冷，以保留其原始组织。

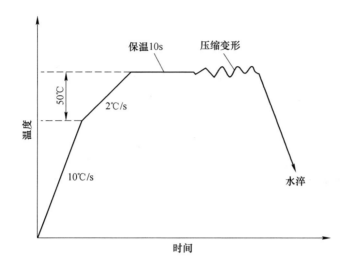

图 5.6　半固态 ZCuSn10 铜合金单向压缩实验工艺图

　　半固态 ZCuSn10 铜合金试样的压缩真应力按式（5.1）计算，压缩真应变值按式（5.2）计算。

$$\sigma = 4Fh / \pi h_0 D_0^2 \tag{5.1}$$

$$\varepsilon = \ln(1 - \Delta h / h_0) \tag{5.2}$$

式中　　σ ——压缩真应力；

　　　　ε ——压缩真应变；

　　　　F ——压缩压力；

　　　　h ——压缩后的试样高度；

　　　　D_0 ——压缩前试样的直径；

　　　　h_0 ——压缩前试样的高度；

　　　　Δh ——压缩量。

　　因为 $\Delta h \leqslant h_0$，所以，压缩真应变 ε 总小于-1，为了绘图方便，在半固态 ZCuSn10 铜合金试样的压缩应力-应变图中，横坐标轴的刻度取正值，但其单位乘以-1。为了便于分析，本章所有的真应力-应变曲线均进行了平滑处理。采用 Orign8.0 数据处理软件对等温压缩试验测得的真应力、真应变数据进行绘图及平滑分析。基于单向压缩试验所得的真应力-应变曲线，采用 SPSS 数理统计分析软件进行半固态 ZCuSn10 铜合金本构关系模型的回归分析。

5.1.3   组织分析

5.1.3.1   金相组织的制备与分析

如图 5.7（a）所示，将压缩试样固定并采用电火花线切割机沿压缩试样轴线从中心剖开截取金相试样，之后将试样镶好并在砂轮机上打磨至平整，再在预磨机上经过不同数目的砂纸打磨，然后在抛光机上进行抛光，直至金相观察面在光学显微镜下无明显划痕为止，最后再用清水抛光、清洗。用 5% $FeCl_3$ 水溶液（5g $FeCl_3$+100mL H_2O）腐蚀 6~8s，腐蚀完毕立即用清水将腐蚀液冲洗干净，再用无水乙醇清洗试样，最后用吹风机将腐蚀好的试样吹干，防止样品被氧化或者污染。金相取样位置如图 5.7（b）所示，将腐蚀吹干好的试样置于 LEICA DMI 5000M 金相显微镜下，调整观察区域的位置，对试样的 1/4 进行金相组织观察并连续拍摄采集金相照片，然后利用 PTGUI 拼图软件将采集到的金相照片拼接在一起进行分析比较。

(a)

(b)

图 5.7   压缩试样金相的取样位置

半固态金属组织具有固、液两相，且固相晶粒为球形晶粒，具有一定的圆整度，固相晶粒的大小直接关系到半固态金属的宏观性能，半固态金属中固相率的高低也直接关系到其流变性能和触变性能。因此用于表征半固态金属组织特征的参数包括固相率、平均晶粒直径、固相晶粒圆整度及固相晶粒形状因子。对半固态金属的组织进行定量分析能准确反映出固相的平均晶粒尺寸、固相晶粒大小、固相晶粒圆整度和形状因子等，对半固态微观组织的分析具有重要意义。本章利用 Image-pro Plus 软件计算原始半固态组织和半固态温度区间压缩后试样组织的液相率、平均晶粒直径和固相晶粒圆整度。计算时，同一区域计算 3 张或以上图片取其平均值作为计算结果，其中液相率为液相面积与图片面积之比，存在孔洞的地方则去除孔洞面积。

采用 Image-pro Plus 软件对微观组织进行统计计算时，固相率、平均晶粒尺寸、形状因子的计算公式分别见式（2.1）~式（2.3）。

5.1.3.2 EBSD 样品制备及检测

电子背散射衍射（electron backscatter diffraction，EBSD）技术是基于扫描电镜中电子束在倾斜样品表面激发并形成衍射菊池带的分析以确定晶体结构、晶体取向及相关信息的方法。应用 EBSD 技术不但可以测量各种晶粒、晶界取向在样品中的比例，还可以分析各种取向在显微组织中的分布情况、晶粒尺寸及晶粒形状的类别，小角度晶界、大角度晶界、亚晶界及孪晶晶界的性质，晶体织构和界面取向差角等。EBSD 技术具有较高的分辨精度，能够达到纳米级，特别是与场发射（FEG）枪扫描电子显微镜配合使用时，精度更是能达到 0.1μm；与透射电子显微镜（TEM）相比，EBSD 样品制备简单，可以直接分析大块样品；虽然 EBSD 技术统计性较差，但是这一缺点可以由计算机运算速度的不断加快来弥补。既具有透射电镜方法微区分析的特点，又具有 X 光衍射或中子衍射对大面积样品区域进行统计的特点，因此，EBSD 技术特别适于分析样品组织演变规律。

EBSD 分析对样品表面质量的要求较高，试样表面不能残留抛光造成的加工应变层，即样品表面要"新鲜"、无弹力、平滑、无氧化膜、无连续的腐蚀坑和良好的导电性。需要绝对取向数据时，样品外观坐标系要准确，样品的尺寸约为 1cm³ 或者稍微小一些，或者与加工方向轴平行的圆柱形样品。为了充分消除研磨抛光时所造成的应力层，用于 EBSD 检测的试样需要在机械抛光后进行电解抛光，在抛光过程中要控制抛光液的温度。影响电解抛光效果的主要因素包括电解液温度、电解液成分、电解面积、搅拌工序、电解电压等。控制好抛光过程中以上工艺参数，才能达到需要的电解抛光效果。

实验中，采用扫描电子显微镜（SEM）及附带的 HKL 电子背散射衍射（EBSD）装置对半固态 ZCuSn10 铜合金坯料单向压缩后试样的不同变形区域进行分析，利用 HKL Channel5 EBSD 分析软件自动对半固态 ZCuSn10 铜合金压缩变形后试样的各个区域进行晶粒和图像标定。HKL Channel5 软件包可以优化 EBSD 数据，消除材料伪对称性和取向噪声带来的不利影响。样品台相对于入射电子的倾斜角为 70°，为了得到样品晶粒的宏观形貌和微观组织形貌，采用变步长（0.15~2μm）的束扫描方式进行。

5.1.3.3　SEM 样品制备与检测

SEM 是一种大型的分析仪器，它通过聚焦电子束在试样表面逐点扫描成像，由电子枪发射的电子束在加速电压的作用下，经过电磁透镜汇聚成一个细小的电子探针，在末级透镜上部扫描线圈的作用下，电子探针在试样表面作光栅状扫描。高能量电子与所分析试样物质相互作用会产生各种信息，获得各种信息的二维强度和分布于试样的表面形貌、晶体取向及表面状态等因素有关，因此通过接受和处理扫描电子显微镜获得的这些信息，就可以得到表征试样微观形貌的扫描电子图像。扫描电子显微镜用于固态物质的显微形貌分析和物质常规成分的微区分析，广泛应用于材料、生物、化工、矿产、医药、司法鉴定等领域。将扫描电子显微镜与能谱仪结合起来就成了带能谱的扫描电子显微镜，它结合了能谱仪和扫描电镜两者的优点，具有分析速度快、微区定点分析准确、可进行线扫描和面扫描等特点。因此，材料剖面的特征及零件内部的结构和损伤的形貌，微观组织中点、线、面上常规元素的分布都可以借助带能谱的扫描电子显微镜进行判断和分析。本章利用扫描电子显微镜（SEM）及附带能谱仪分析半固态 ZCuSn10 铜合金坯料单向压缩后的试样微观组织及其 Cu 和 Sn 两种元素的分布情况。

5.2　半固态 ZCuSn10 铜合金单向压缩组织特征

5.2.1　铸态和半固态铜合金压缩变形组织演变

图 5.8 为铸态和半固态 ZCuSn10 铜合金压缩变形前后的显微组织。图 5.8（a）和（c）所示为 SIMA 法制备的半固态 ZCuSn10 铜合金试样和常规铸造的 ZCuSn10 铜合金试样的显微组织。可以看出，半固态 ZCuSn10 铜合金的组织由近球形的晶粒（α-Cu）和充斥其间的共析组织（α+δ）组成，固相晶粒具有一定的圆整度，充斥其间的液相为不规则曲线围成的区域，根据半固态材料为固相骨架和液相孔隙的多孔材料理论，这些液相围成的区域被称为由固相之间搭起的骨架之间的孔隙部分，这些孔洞也可以作为一种液相流动通道。常规铸造的 ZCuSn10 铜合金组织为粗大的树枝晶组织。图 5.8（b）和（d）所示为 SIMA 法制备的半固态 ZCuSn10 铜合金试样和常规铸造的 ZCuSn10 铜合金试样压缩变形后的显微组织。可以看出，在 930℃压缩时，常规铸态压缩试样压缩后由于在半固

态温度区间保温 20s 而产生部分液相，且粗大的树枝晶组织在压缩应力的作用下被破碎，保温后树枝晶的分枝部分熔化，压缩后发生液相偏析，部分固相粘连在一起，但仍然有一部分的（α-Cu）固溶体保持较完整的树枝状。半固态 ZCuSn10 铜合金试样压缩前的液相率为 19.4%、圆整度为 2.02、平均晶粒直径为 143.9μm，压缩后液相率为 8.1%，几乎一半的液相被挤出。半固态压缩试样压缩后固相晶粒在压缩应力的作用下相互挤压发生塑性变形，固相晶粒被拉长，有些甚至粘连在一起且出现了明显的分区，即固相晶粒的变形不均匀，这是由于在单向压缩过程中，压缩试样的各个区域受到压缩应力不均匀造成的。半固态压缩试样压缩后液相区域面积明显变小，液相边界也由压缩前的曲线变为直线，有些液相区域被固相晶粒的变形分为两部分，这是由于压缩变形使得固相骨架被破坏，部分坍塌，且固相晶粒间发生塑性变形粘连在一起，将液相孔隙中的液相挤出，把液相区域一分为二或者分为很多个区域，其中有些液相区域被固相完全充斥。

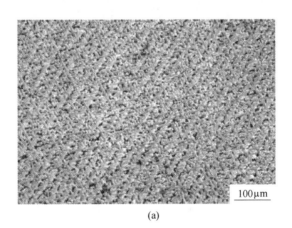

(a)

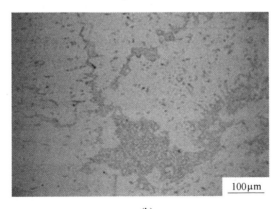

(b)

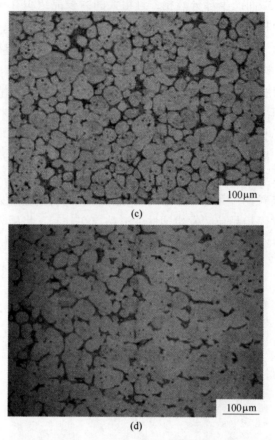

图 5.8　铸态和半固态 ZCuSn10 铜合金压缩变形前后的显微组织

　　图 5.9 为常规铸造 ZCuSn10 铜合金与 SIMA 法制备的半固态 ZCuSn10 铜合金在温度为 920℃、应变为 0.6、应变速率为 $10s^{-1}$ 时的压缩真应力-应变曲线。由图 5.9 可知，无论是常规铸造的 ZCuSn10 铜合金压缩试样还是 SIMA 法制备的半固态 ZCuSn10 铜合金压缩试样，它们的真应力-应变曲线的变化趋势均是一致的，即在压缩变形初期，应力随着应变的增加快速增大，应力达到峰值后随着应变的增加而趋于稳定。在半固态温度区间压缩变形时，常规铸造的 ZCuSn10 铜合金变流变应力明显高于半固态 ZCuSn10 铜合金。半固态试样压缩变形时最大应力值为31.0MPa，常规铸造压缩试样压缩变形时最大应力值为 63.7MPa，半固态压缩试样最大应力值仅为常规铸造压缩试样的一半。一是由于半固态铜合金与常规铸造铜合金显微组织存在很大区别，半固态铜合金在半固态温度压缩变形时是由近球形等轴晶固相与均匀分布的液相组成，而常规铸造 ZCuSn10 铜合金初始组织为粗大的树枝晶组织，在半固态温度压缩变形时是由粗大固相和不均匀分布的液相组

成。因此，半固态铜合金试样近球形晶粒在压缩变形时分布其间的液相起到一定的润滑作用使得固相晶粒间更易滑动转移，变形更加容易，流变应力更小；二是常规铸态铜合金试样在半固态温度压缩变形时，由于粗大、不均匀的固相之间相互交割，阻碍变形，导致流变应力较大，最终导致常规铸态 ZCuSn10 铜合金试样的最大抗力远大于半固态试样，因此，这是半固态成形技术的一个优势，即可以在较小载荷的作用下实现较好的变形。

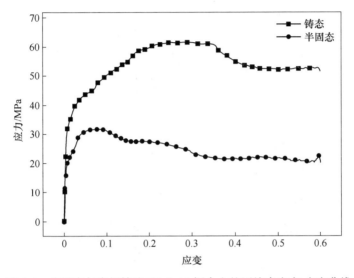

图 5.9 半固态与常规铸造 ZCuSn10 铜合金的压缩真应力-应变曲线

图 5.10 所示为半固态 ZCuSn10 铜合金压缩后微观组织不同区域的取样位置，本节以下所有讨论中金相显微组织采集位置相同。

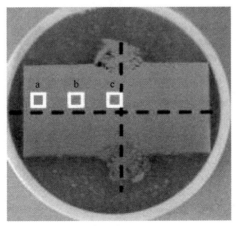

图 5.10 半固态 ZCuSn10 铜合金压缩后微观组织不同区域的取样位置
a—端部；b—过渡区域；c—心部

5.2.2　预变形量对半固态铜合金单向压缩组织的影响

图 5.11 为不同预变形量的 ZCuSn10 铜合金在 910℃ 重熔保温 20min 后水淬得到的显微组织，可以看出，不同预变形量的 ZCuSn10 铜合金通过重熔保温均能得到固-液两相共存的半固态组织，其中白色部分为 α-Cu 固相颗粒，黑色部分为（$\alpha+\delta$）共析体，其在高温时为液相。经计算，预变形量为 13.8% 的试样液相率为 20.09%、平均晶粒直径为 90.20μm、圆整度为 2.65；预变形量为 20.81% 的试样液相率为 27.53%、平均晶粒直径为 71.91μm、圆整度为 1.67。可以看出，随着预变形量的增加 ZCuSn10 铜合金半固态组织晶粒变小且更加圆整，液相也随之增加。这是由于预变形量越大，对 ZCuSn10 铜合金树枝晶组织的破碎程度也越大，同时使试样中储备的形变能明显增加，在重熔保温时更容易得到小且圆整的固相晶粒，生成的液相也更多。

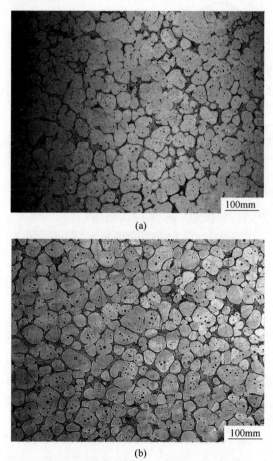

图 5.11　不同预变形程度的 ZCuSn10 铜合金在 910℃ 重熔保温 20min 水淬后的半固态组织
（a）预变形量 13.8%；（b）预变形量 20.8%

图 5.12（a）为 ZCuSn10 铜合金半固态压缩时的固-液相流动示意图。图 5.12（a）中 I 区为变形的致密区，该区由于处于压缩夹头端，变形抗力较大，属于难变形区；图 5.12（a）中 II 区为处于试样中心处的大变形区，该区域为过渡区域，是固-液相混合区，该变形区随着压缩的进行液相不断被挤向边缘，该区的致密化发生在 I 区之后；图 5.12（a）中 I 区和 II 区为自由变形区（液相区），由于 II 区液相被挤入该区域，该区域液相不断增多，流变应力主要用来克服液相的流动和少量固相的滑移和转动。图 5.12（b）为预变形量 13.8%的半固态 ZCuSn10 铜合金经等温 900℃、应变速率 $1s^{-1}$、应变量 20%压缩变形后试样截面的宏观形貌。由图 5.12 可知，与固态金属压缩相同，压缩试样中部有明显的凸起，是压缩变形后的典型现象。能明显观察到上述 3 个不同的变形区，即靠近端部的难变形区、中心部位的大变形区及凸起部位的自由变形区。半固态温度区间压缩变形后各变形区变形组织呈现出较大的差异，且各个变形区的变形方式也不尽相同。半固态合金在半固态温度区间变形时，随着变形量的不断增大，心部液相向试样边缘流动，导致试样中各区域固-液相分布不均。其中，I 区、II 区较为致密；III 区有裂纹，主要是较多的液相流向 III 区，这些液相在水淬后形成了裂纹，使组织较为疏松。

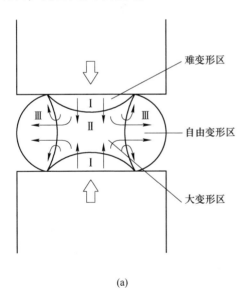
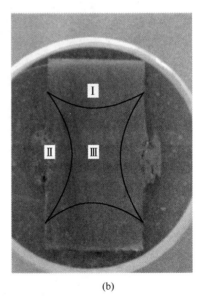

(a)　　　　　　　　　　　　　　(b)

图 5.12　ZCuSn10 铜合金压缩时固-液相流动示意图（a）和
半固态试样压缩后的宏观形貌图（b）

图 5.13 为图 5.12（b）中所示的 ZCuSn10 铜合金半固态压缩试样分别在 I、II、III 区的金相显微组织。经 Image-pro Plus 软件统计计算，I、II、III 区的液

相率分别为 15.23%、5.31%、20.12%，随着压缩的进行，难变形区的液相率稍有减少，大变形区液相率减少较多，自由变形区液相率相对大变形区又有所增加。由图 5.13 可以看出，难变形区 I 的组织基本上保持为原始半固态组织，即液相包裹的近球形固相颗粒，液相均匀分布在固相颗粒之间，没有明显的偏析现象，说明在压缩变形过程中，以液-固相颗粒混合流动为主，即固-液两相协同流动；而大变形区 II 可以观察到固-液两相分离现象严重，这是由于半固态金属中固-液相混合共存，液相均匀分布于固相晶粒边界处，使得固相晶粒间几乎无结合力，当施加外力时液相成分和固相成分存在分别流动的情况，且一般来说液相成分有先行流动的倾向，造成液相偏析，后流动的固相晶粒之间相互接触，发生严重塑性变形，相互粘连在一起，且晶界出现熔融现象，特别是试样中心部位晶界几乎消失，说明在压缩开始时是以液相流动为主；随着压缩的进行，液相被挤出，固相晶粒接触之后相互挤压，以固相晶粒塑性变形为主，此时，固相晶粒之

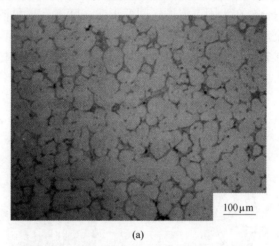

100μm

(a)

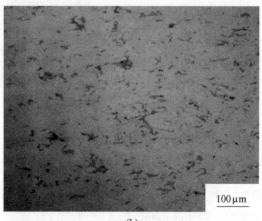

100μm

(b)

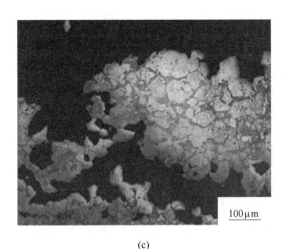

(c)

图 5.13 预变形为 13.8% 的 ZCuSn10 铜合金半固态在 900℃等温压缩变形组织
(a) 难变形区；(b) 大变形区；(c) 自由变形区

间存在一定程度的晶粒间滑移转动。由于大变形区的液相流入自由变形区发生液相的宏观转移，因此越靠近自由变形区液相越多，且自由变形区Ⅲ的固相晶粒呈现球化现象，出现了大量的孔洞，这是由于液相流动会造成局部的固液分离，当周围的液相及固相未能及时补充，水淬时因快速冷却会留下孔洞，在外力作用下，孔洞处产生应力集中形成裂纹。所以，自由变形区的变形方式为液相流动与液-固相颗粒混合流动，在压缩过程中试样不同位置的变形方式也不同。

5.2.3 温度对半固态铜合金单向压缩组织的影响

图 5.14 为当应变速率为 $10s^{-1}$、应变为 0.6 时，不同温度下的半固态 ZCuSn10 铜合金压缩后各个区域的显微组织。可以看出，随着温度的升高，压缩试样端部的晶粒尺寸逐渐增大；过渡区域晶粒的畸变程度增大。中心区域由于液相被挤出，呈现固相粘连的现象。出现这些现象是由于半固态材料特殊变形机理引起的，随着温度的升高，压缩试样的固相率减小，压缩时，温度越高液相的润滑作用越明显，在开始压缩变形时，液相具有较好的流动性先行流动，这时候的变形是以液相流动为主，然后固相晶粒在大量液相流动带来的流动应力下跟随液相一起流动，沿着液相流动路径一起滑动，此时压缩试样的变形主要是以固-液混合流动为主。当变形到一定程度，由于固相与液相存在流动性差异，大部分液相被排挤出，残余的少量液相对固相滑动的润滑作用减弱，固相晶粒之间开始接触产生摩擦力和剪切力，直到液相大部分流出留下粘连在一起的固相晶粒，这时主要的变形是以固相晶粒间的塑性变形为主。此时中心区域的固相晶粒在压力和

摩擦力的作用下发生严重塑性变形，晶粒开始破碎、粘连、团聚，温度越高液相越多压缩变形越容易进行，这样使得液相有足够的时间流动。所以在相同应变量和应变速率下，随着温度的升高压缩试样各个部位的液相都减少，这些液相最后都流到了约束较小的自由变形区。

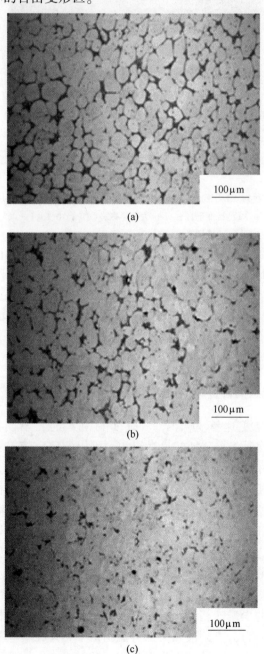

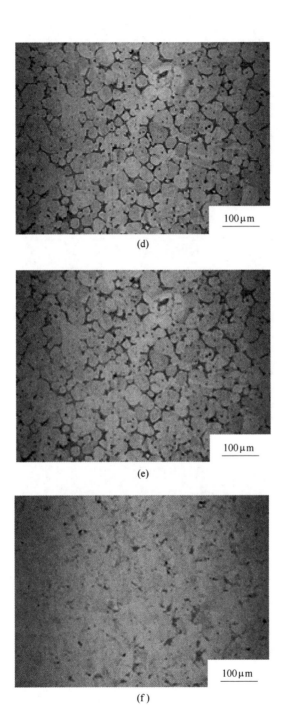

(d)

(e)

(f)

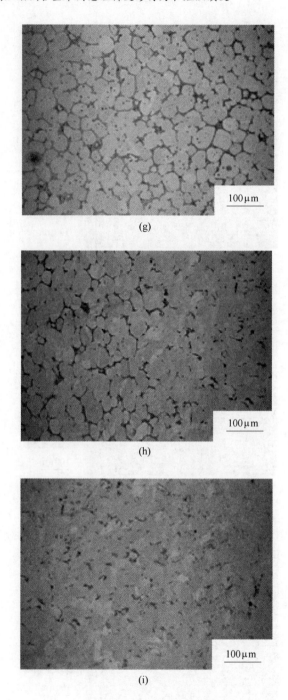

图 5.14　半固态 ZCuSn10 铜合金在不同温度压缩后的显微组织

(a) 910℃，端部；(b) 910℃，过渡区；(c) 910℃，中心区；(d) 920℃，端部；
(e) 920℃，过渡区；(f) 920℃，中心区；(g) 930℃，端部；(h) 930℃，过渡区；(i) 930℃，中心区

表 5.2 是当应变量为 0.6、应变速率为 10s^{-1} 时，半固态 ZCuSn10 铜合金在不同温度下压缩变形后不同位置的液相率变化。可以看出，试样端部和过渡区域的液相随着温度的增加而增加，这是由于随着温度的增加，液相增加，压缩变形后虽然各个区域都发生了液相的宏观转移，但是由于端部处于难变形区，液相被挤出的量较少，处于难变形区和大变形区之间的过渡区域液相被挤出的量较端部多一些。由表 5.2 还可以看出，温度较高时，过渡区域的液相率与中心区域液相率差别较大，如 930℃ 时，压缩试样过渡区域与中心区域的液相率相差 6 个百分点，而 910℃ 时只相差 4.6 个百分点，这是由于当温度较低时，半固态压缩试样的固相率较高、液相较少，在压缩变形一开始，试样中的液相由于量较少，液相流动很快就完成，很难带动固相颗粒一起流动，因此固-液混合流动的时间也较短。所以，较低温度下压缩试样的变形相对较高温度压缩试样固相颗粒可较快地进入塑性变形阶段，这是由于中心区域的固相晶粒间粘连、团聚使得中心区域残留的液相流不出去。而温度较高时，液相也较多，使得压缩变形更易进行且变形，变形机制由一开始的液相流动过渡到固-液混合流动，然后到固相间滑移转动，最后到固相晶粒塑性变形，这样压缩变形就比较充分，在试样的心部就不会残留液相，因此温度较高时，压缩试样的过渡区域与中心区域液相率差别较大。这与压缩变形时真应力-应变曲线的情况也是相符合的，如图 5.15 所示，当温度为910℃ 和 920℃ 时，真应力-应变曲线很快达到峰值应力，这是由于温度较低的压缩试样液相较少，变形很快进入固相间塑性变形，这样应力就很快达到峰值；而当温度为 930℃ 时，由于温度较高，液相相对较多，压缩试样变形时经过一定的液相流动、固-液混合流动和固相间滑移转动才进入固相晶粒间塑性变形，真应力-应变曲线相对滞后地达到峰值应力。由图 5.15 还可以看出，随着温度的增加，达到峰值应力的时间也有所增加。

表 5.2　半固态 ZCuSn10 铜合金不同温度压缩变形后的液相率

温度/℃	位置区的液相率/%		
	端部	过渡区	中心区
910	9.4	7.0	2.4
920	10.7	7.5	2.5
930	14.5	8.7	2.7

5.2.4　应变速率对半固态铜合金单向压缩组织的影响

当温度为 930℃、应变量为 0.4 时，不同应变速率下的半固态 ZCuSn10 铜合金压缩后的显微组织如图 5.16 所示。可以看出，随着变形速率的减小端部晶粒尺寸减小，且液相减少，过渡区晶粒出现团聚现象；随着应变速率的减小团聚现象更加明显；心部随着应变速率的增加，晶界完全消失。

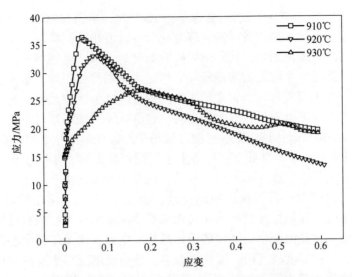

图 5.15 半固态 ZCuSn10 铜合金在不同温度单向压缩真应力-应变曲线

(应变量为 0.6、应变速率为 $10s^{-1}$)

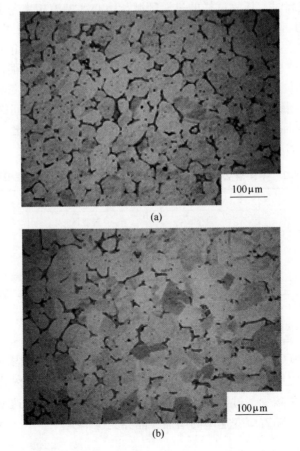

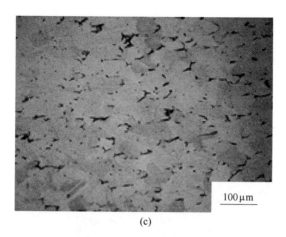

(c)

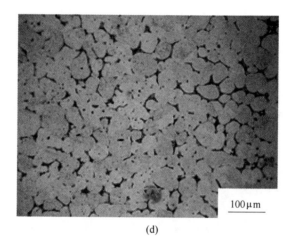

(d)

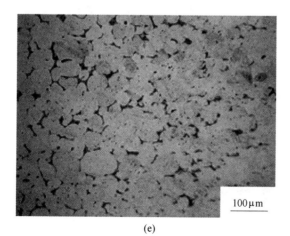

(e)

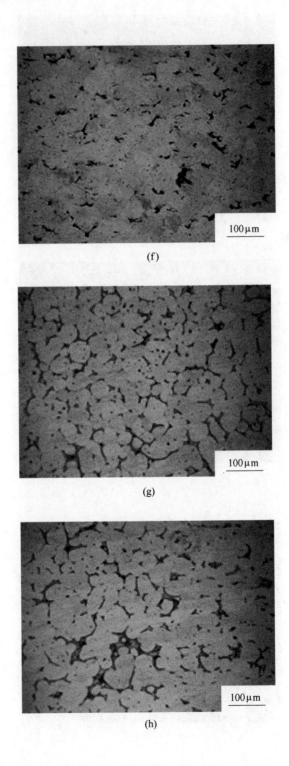

(f)

(g)

(h)

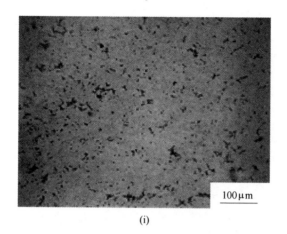

(i)

图 5.16　半固态 ZCuSn10 铜合金在不同应变速率压缩后的显微组织

（a）应变速率为 0.5s^{-1}，端部；（b）应变速率为 0.5s^{-1}，过渡区；（c）应变速率为 0.5s^{-1}，中心区；
（d）应变速率为 1s^{-1}，端部；（e）应变速率为 1s^{-1}，过渡区；（f）应变速率为 1s^{-1}，中心区；
（g）应变速率为 10s^{-1}，端部；（h）应变速率为 10s^{-1}，过渡区；（i）应变速率为 10s^{-1}，中心区

　　表 5.3 是当应变量为 0.4、温度为 930℃时，半固态 ZCuSn10 铜合金在不同应变速率下压缩变形后不同位置的液相率。可以看出，半固态 ZCuSn10 铜合金压缩试样的各个部位液相率随着应变速率的增加而增大。当应变速率为 10s^{-1}时，应变速率已经非常高了，在压缩过程，由于变形速度很快使得液相的流动跟不上变形的过程，即此时的液相很难发生转移，使得过渡区域存在液相较多；当应变速率降低时，较长的变形时间使得液相有足够的时间进行流动，并转移到约束较小的自由变形区。因此在试样的过渡区域液相较少，晶粒在剪切力下发生塑性变形，形成固相间的团聚、粘连。

表 5.3　半固态 ZCuSn10 铜合金不同应变速率压缩变形后的液相率

应变速率/s^{-1}	位置区的液相率/%		
	端部	过渡区	中心区
0.5	7.5	5.2	3.4
1	8.6	6.8	3.5
10	8.7	8.6	3.7

5.2.5　应变量对半固态铜合金单向压缩组织的影响

　　图 5.17 为当温度为 930℃、应变速率为 1s^{-1}时，不同应变量下半固态 ZCuSn10 铜合金的压缩变形试样不同部位的显微组织。由图 5.17 可以看出，相

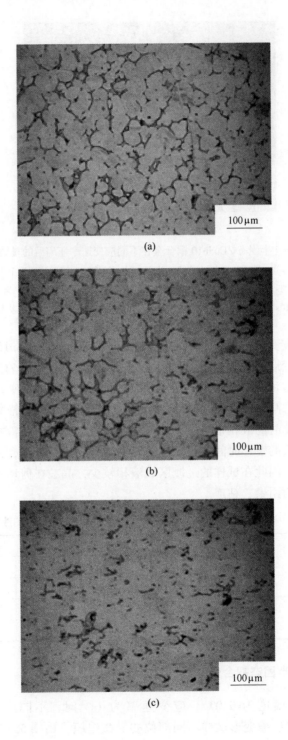

(a)

(b)

(c)

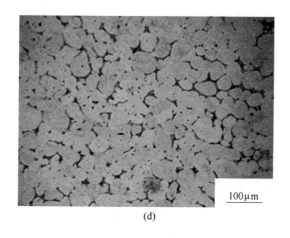

(d)

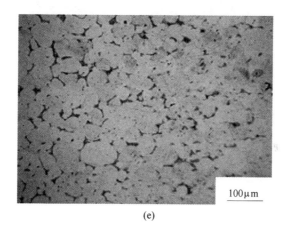

(e)

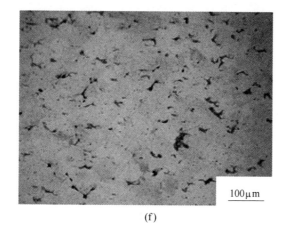

(f)

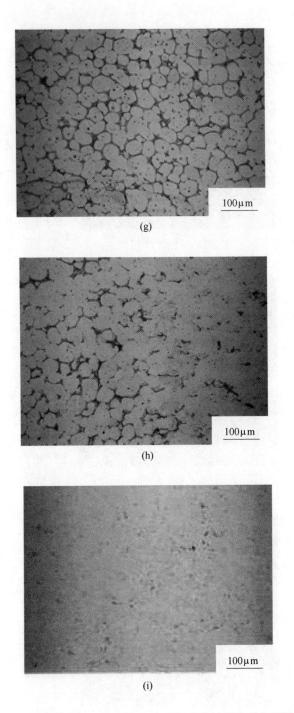

图 5.17 半固态 ZCuSn10 铜合金在不同应变量压缩后的显微组织

同应变量下的压缩变形，半固态压缩试样端部为难变形区，晶粒由于变形抗力较大仍然保持原始半固态组织，即端部的固相晶粒仍然为圆整、近球形的颗粒，端部有部分液相由于受到一定的外力作用被挤出，但固相晶粒仍然被液相包围，作为骨架的固相晶粒没有坍塌，一部分固相间的结合力较小，另一部分变形液相的润滑作用较为明显。过渡区域固相晶粒方向有所改变，且晶粒畸变严重，部分固相晶粒粘连在一起作为多孔材料骨架的固相晶粒被破碎，孔隙内的液相被挤出，液相区域也减小；这部分由于是过渡区域，一部分保持半固态组织，另一部分晶粒畸变严重，出现团聚分散，部分固相晶粒聚集在一起形成尺寸较大的固相晶粒，这个区域液相的润滑作用相对端部明显减小，同时，固相晶粒边界不光滑。中心区域固相晶粒聚集现象明显，没有明显的晶界，液相已经很少，当应变量较小时，有部分液相残留，无明显的液相通道；随着应变量的增加，中心部位的液相也随之减少，当应变量达到 0.6 时，中心部位几乎没有液相，这个区域压缩变形时几乎没有液相润滑作用，即这个区域的变形主要以固相晶粒间的变形为主。

半固态金属有液相流动、液-固相混合流动、固相颗粒间滑移和固相颗粒塑性变形等 4 种变形方式。由图 5.17 还可以看出不同应变量下的压缩变形，其压缩试样的端部、过渡区域和中心部位的显微组织变化是相同的，即不同应变量的压缩试样端部都呈现半固态近球形的原始组织，过渡区域晶粒都存在不同程度的畸变，心部液相相对过渡区域和端部都有所减少。由图 5.17 （a）~（c）还可以看出，经过很小的应变量后，压缩试样内部的微观组织发生了很大的改变，压缩前较为圆整的近球状晶粒在很小的应变下便开始发生团聚和分散，尤其是压缩试样过渡区域和中心区域的组织。当应变量较小时，压缩变形主要通过液相流动来实现，这时液相由于具有流动性而对固相晶粒起到润滑作用，使固相晶粒随着液相的流动路径来滑动，固相间结合力较小。随着压缩的进行，经过一段时间的固-液相混合流动，由于固相的流动性较差，液相在外力的持续作用下先行流出，剩下的固相仅在外力的作用下相互挤压发生塑性变形，处于大变形区的压缩试样中心的晶粒发生较大变形。随着应变的增大，晶粒之间的滑移产生摩擦力和剪切力，使晶粒被拉长，液相被挤出，且在压缩应力的作用下，部分互相接触的固相晶粒之间发生严重的塑性变形粘连在一起，形成更大的晶粒，晶界消失，压缩试样心部几乎看不到固-液边界，液相不均匀的聚集，但聚集在一起的液相量较少。当应变量较大时，由于变形程度较大，在压缩试样端部出现固-液相一起流动的时间缩短，固相包裹的液相在压缩过程中逐渐被排挤出来，压缩变形提前进入固相晶粒间塑性变形阶段，最终将压缩试样心部的液相全部挤出，如图 5.17 （i）所示，中心区域由于变形程度较大几乎不存在液相，液-固混合流动不显著，而主要以固相颗粒间的滑移转动和固相颗粒塑性变形为主，从而晶粒团聚在一起，液相几乎被完全挤出，流向自由变形区。

由图 5.17 还可以看出，试样中心部位的液相都随着变形量的增加而减少。压缩变形时，固相和液相由于流动性的差异在靠近试样端部的难变形区一起滑移转动，从处于难变形区和大变形区之间的试样过渡区开始出现液-固分离现象。应变量较小的压缩试样时，固-液分离的现象没有应变量大的明显。应变量较大时，固-液分离现象较鲜明，应变量为 0.6 时，出现了较为鲜明的固-液分离现象，如图 5.17 （h）所示，左边组织是具有一定固-液边界的近球形半固态组织，有一定量的液相存在，而到了图 5.17 （i）中，这个区域的组织几乎全是固相，且固相间也无明显的晶界，液相通道被固相晶粒堵塞。这与小应变量下的图 5.17 （b）和（c）有一定区别，小应变量使过渡区域的过渡较为平缓，说明过渡区域与中心区域之间存在一个液相的通道，也说明变形量较小时，变形程度不够，液相通道还没来得及被固间的塑性变形堵塞，所以，在应变量较小时会出现固-液协同流动的现象。

表 5.4 是当温度为 930℃、应变速率为 $1s^{-1}$ 时，不同应变下半固态 ZCuSn10 铜合金的压缩变形试样不同部位的液相率。可以看出，在半固态 ZCuSn10 铜合金压缩试样的端部、过渡区域和中心区，随着应变量的增加，液相率都在减小，应变量较大时，试样过渡区域液-固分离现象明显，固相晶粒间塑性变形严重，使得液相被完全挤出流向自由变形区，试样中心区域几乎没有液相。由表 5.4 还可以看出，同一个半固态 ZCuSn10 铜合金压缩试样不同部位的液相率都是端部最大，其次是过渡区域，最后是中心区，这说明在压缩过程中发生了液相宏观转移，转移的方向为端部到过渡区域再到中心区，最后流向约束较小的自由变形区。

表 5.4　半固态 ZCuSn10 铜合金不同应变压缩变形后的液相率

应变	位置区的液相率/%		
	端部	过渡区	中心区
0.1	10.1	9.3	5.7
0.4	8.6	6.8	3.5
0.6	8.4	6.2	0.9

5.3　半固态 ZCuSn10 铜合金压缩变形组织演变规律

5.3.1　自由变形区组织的能谱分析

图 5.18 是半固态 ZCuSn10 铜合金在不同应变量压缩后自由变形区的显微组织。可以看出，同一压缩条件下，自由变形区的液相相对于处于难变形区的端部

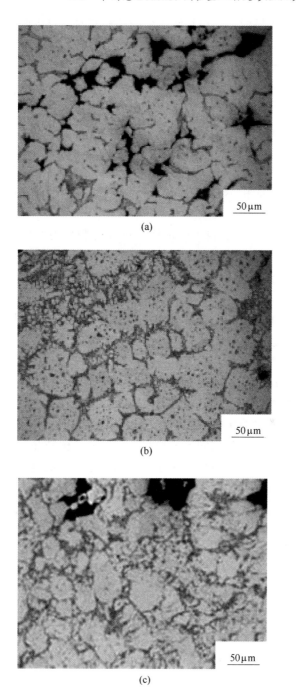

图 5.18　半固态 ZCuSn10 铜合金在不同应变量压缩后自由变形区的显微组织

（a）应变为 0.1；（b）应变为 0.4；（c）应变为 0.6

和大变形区的心部明显增多，在其他压缩条件相同时，自由变形区的液相随着应变量的增加而增多，这是由于应变量大的压缩试样变形程度也大，压缩试样端部液相一部分被排挤到过渡区域和中心区域，随着变形程度的增加，过渡区域和中心区域的液相大部分被挤出流向无约束的自由变形区，因此应变量大的压缩试样自由变形区液相多。从图 5.18（a）可以看出，压缩试样自由变形产生一定量的孔洞和裂纹，这是由于压缩试样自由变形区约束小，随着压缩的进行，大量的液相流入自由变形区，因此这个区域的变形方式主要以液相流动为主，大量的液相流动必然造成局部固-液分离现象，且自由变形区的固相相对于液相较少，液相流动的时候，周围的固相不能及时补充，就会留下孔洞，此时在外力的作用下，孔洞处由于应力集中而产生裂纹。

由图 5.18 还可以看出，自由变形区的固相晶粒具有一定的圆整度，且在固相晶粒内部出现了一些液相小熔池，这是由于半固态 ZCuSn10 铜合金压缩后自由变形区液相增多，这些液相是由（α+δ）共析体组成的，（α+δ）共析体在高温压缩时表现为液相，压缩结束后经过水冷又变成（α+δ）共析体，其中一部分富集在晶界处，减少了晶界间的尖角，使自由变形区固相晶粒具有一定的圆整度，另一部分被水冷过程中合并长大的固相晶粒包裹在内部，出现了固相晶粒内部的小熔池。在固相晶粒边界与液相交界处出现了一些蔷薇状组织。相对于未压缩的初始半固态组织，压缩后的自由变形区组织中蔷薇状组织明显增多，蔷薇化程度加强。这是由于压缩完成后，水冷使得坯料边缘具有较大的温度梯度，随着冷却的进行，在熔体内部的温度梯度逐渐减小，这时候形成的晶核处于温度和溶质分布相对均匀的环境中，枝晶间的生长相互抵触削弱了树枝晶的生长条件，并互相制约彼此的长大，随后发生熟化，在熔体内的热起伏及低熔点成分的侵蚀作用下使二次枝晶发生熔断，并使固相晶粒呈蔷薇状组织分布，局部数量增加。

为了研究半固态 ZCuSn10 铜合压缩变形后自由变形区组织中固相和液相含量的差别。利用带能谱的扫描电子显微镜对压缩后的 ZCuSn10 铜合金自由变形区组织进行了分析。图 5.19（a）所示为 ZCuSn10 铜合金压缩后自由变形区的 SEM 像，图上所示的点 1、点 2、点 3 为能谱分析的位置，分别对其进行点扫描，其中点 1 所对的能谱图如图 5.19（b）所示，点 2 所对的能谱图如图 5.19（c）所示，点 3 所对应的能谱图如图 5.19（d）所示。由图 5.19（b）~（d）可知，3 个点所包含的主要元素种类一致，半固态 ZCuSn10 铜合金压缩后自由变形区点 1 中 Sn 元素的质量分数为 27.71%、摩尔分数为 17.03%；点 2 中 Sn 元素的质量分数为 7.67%、摩尔分数为 4.26%；点 3 中 Sn 元素的质量分数为 28.21%、摩尔分数为 17.36%。由于 Sn 元素的原子系数较 Cu 元素的高，因此在扫描电子显微镜所拍摄的图片中 Sn 元素较 Cu 元素亮，因此图 5.19（a）所示的白色区域为 Sn 元素富集的区域，黑色区域为 Cu 元素富集的区域。由此前的研究可知，半固态

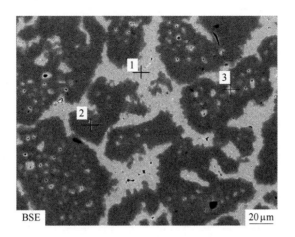

(a)

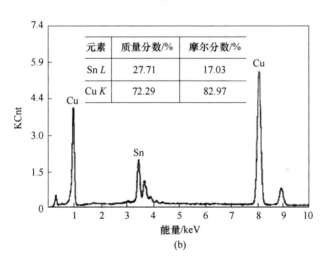

(b)

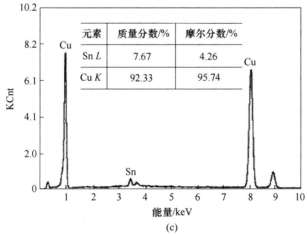

(c)

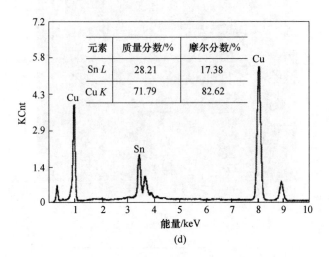

图 5. 19　ZCuSn10 铜合金压缩后自由变形区组织点扫描分析

ZCuSn10 铜合金中 Sn 元素在液相富集。因此可以证明，点 1 和点 3 对应的白色区域为液相，而点 2 所对应的黑色区域为固相，即图 5. 19（a）中黑色区域为（α-Cu）固相晶粒，较亮的白色区域为（α+δ）共析体，其中（α+δ）共析体在高温下为液相，经过水淬后又变成（α+δ）共析体，一部分富集在晶界处，减少晶界尖角，另一部分被合并长大的晶粒包裹在晶粒内部。在 ZCuSn10 铜合金浇注时，Sn 元素的结晶温度为 232℃，Cu 元素的结晶温度为 1080℃，由于两种元素的结晶温度相差较大，导致 Sn 元素易于偏析，在利用 SIMA 法制备半固态 ZCuSn10 铜合金坯料时，正是由于重熔过程中 Sn 元素从液相中向（α-Cu）固相中扩散迁移，使得液相逐渐吞噬润滑固相的尖角突出部分，致使（α-Cu）固相晶粒球化，最后 Sn 元素主要存在于（α+δ）共析体液相中，而（α-Cu）固相中只有少量的 Sn 元素存在。由此可以看出，半固态 ZCuSn10 铜合金压缩后自由变形区组织大部分为液相。由此也印证了压缩过程中压缩试样端部、过渡区域和心部的液相最后都流向了约束较小的自由变形区。

5.3.2　组织演变规律

图 5. 20 所示为半固态 ZCuSn10 铜合金单向压缩后各个区域的组织晶粒取向分布，不同颜色代表不同的晶粒取向，由晶粒取向反映了各晶粒的晶面取向和真实的晶粒尺寸。由 EBSD 晶粒取向分布图可以看出，半固态 ZCuSn10 铜合金单向自由压缩后不同变形区的组织均无明显的择优取向。说明在压缩变形过程中，固相晶粒的变形无方向性，这是由于半固态组织中固相晶粒间具有一定的液相包

裹，在一开始变形时，液相对固相晶粒变形的润滑作用使得固相晶粒之间塑性变形不明显，而后液相由于流动性较好先被挤出，随着压缩的进行，固相之间发生了一定的塑性变形，使得固相的变形没有方向性。

(a)

(b)

(c)

(d)

图 5.20　半固态 ZCuSn10 铜合金单向压缩后各个变形区 EBSD 晶粒取向分布图
(a) 端部；(b) 过渡区；(c) 中心区；(d) 自由变形区

　　图 5.21 是图 5.20 中半固态 ZCuSn10 铜合金单向压缩后各个区域对应的晶界
图，其中灰黑线表示的是孪晶界，黑色的表示固相晶粒晶界。由图 5.21 可以看
出，压缩试样 4 个变形区域的组织中都出现了一定量的孪晶界。结合图 5.20 看，
出现孪晶界的晶粒取向并不相同，说明在相同变形条件下，固相晶粒内部的应变
状态并不相同，导致孪晶出现在不同取向的固相晶粒中。且由于各固相晶粒的取
向不同，在特定的外力作用下，不同固相晶粒内孪晶系的分切应力、形变时滑移
出现的位置及数目、位错之间交互作用强弱都不同，使晶内取向差分布则一定不
相同。所以要在有利的晶粒取向内先产生孪晶。

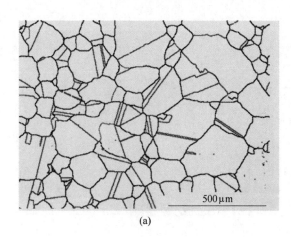

(a)

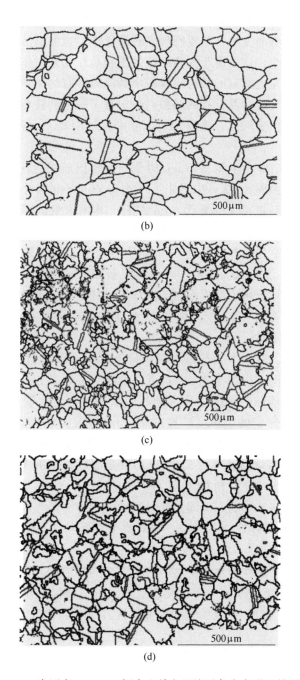

图 5.21 半固态 ZCuSn10 铜合金单向压缩后各个变形区晶界图

（a）端部；（b）过渡区；（c）中心区；（d）自由变形区

由图 5.21 还可以看出，在压缩试样的端部即难变形区，晶界较明显且具有一定的圆整度，晶粒尺寸较大，过渡区域晶粒大小相对端部减小，可以看到过渡区域的晶界发生了弯曲变形，晶界圆整度较端部小。大变形区晶界相对杂乱，但是晶粒尺寸明显减小，这是由于大变形区的固相晶粒在外力作用下发生了严重的塑性变形，固相晶粒之间有的被打碎成较小的晶粒，有的晶粒跟其他晶粒粘连包裹，有的晶粒内部形成孪晶，有的晶粒内还出现了一定的液相，发生了固相包裹液相的现象。在自由变形区，晶界相对大变形区较明显，也具有一定的圆整度，晶粒尺寸也减小。

图 5.22 是图 5.20 中半固态 ZCuSn10 铜合金单向压缩后各个变形区域对应的晶粒尺寸分布图。由图 5.22 可以看出，半固态 ZCuSn10 铜合金单向压缩后各个变形区域的平均晶粒直径大部分为 5μm 左右，其中压缩试样端部的平均晶粒直径为 5μm 的有 40% 左右，压缩试样过渡区域平均晶粒直径为 5μm 的有 50% 左右，压缩试样心部平均晶粒直径为 5μm 的有 60% 左右，压缩试样自由变形区平均晶粒直径为 5μm 的有 40% 左右。因为半固态 ZCuSn10 铜合金单向压缩后液相由端部流向过渡区域，再由过渡区域流向压缩试样心部，最后大部分液相都流到自由变形区，可以看出，半固态 ZCuSn10 铜合金单向压缩后固相晶粒尺寸随着液相的流动方向而减小。

图 5.23 是图 5.20 中半固态 ZCuSn10 铜合金单向压缩后各个变形区域对应的晶界取向差角分布图。由图 5.23（a）可以看出，半固态 ZCuSn10 铜合金压缩试样的端部，即难变形区的组织中 90% 的晶界取向差角为大于 15° 的大角度晶界，其中晶界取向差角为 2° 的小角度晶界占 9%，晶界取向差角分布在 60° 的地方出现峰值，占 14%；由图 5.23（b）可以看出，半固态 ZCuSn10 铜合金压缩试样过渡区域的组织中，小角度晶界占 8.5%，与难变形区差别不大，晶界取向差角分布峰值也出现在 60° 的大角度晶界处；由图 5.23（c）可以看出，半固态 ZCuSn10 铜合金压缩试样的心部即大变形区的组织中，晶界取向差角分布的峰值出现在 2° 的小角度晶界处，占 23%，相对难变形区和过渡区域，小角度晶界的数量显著增加，而 60° 的大角度晶界只占 4%；由图 5.23（d）可以看出，半固态 ZCuSn10 铜合金压缩试样的自由变形区组织中，晶界取向差角分布的峰值也出现在 2° 的小角度晶界处，占 17%，相对难变形区和过渡区域小角度晶界数量明显增加，60° 的大角度晶界占 6%，相对大变形区有所增加，但相对于难变形区和过渡区域也明显减少。

压缩过程中由于材料内部形成的再结晶晶粒与原始的晶粒取向差存在明显差异，主要表现为形成大角度晶界，由此可以得知，以大角度晶界为主的半固态 ZCuSn10 铜合金单向自由压缩后难变形区和过渡区域组织发生了大量的再结晶。

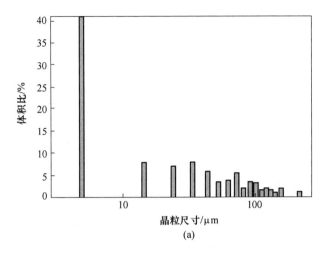

(a)

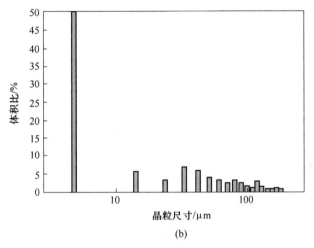

(b)

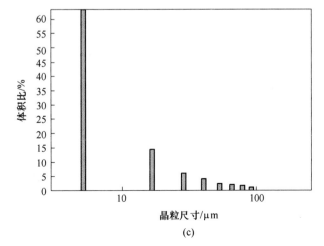

(c)

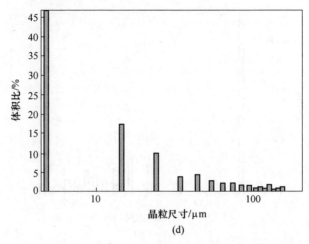

(d)

图 5.22   半固态 ZCuSn10 铜合金单向压缩后各个变形区晶粒尺寸分布图
（a）端部；（b）过渡区；（c）中心区；（d）自由变形区

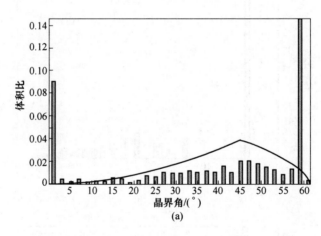

(a)

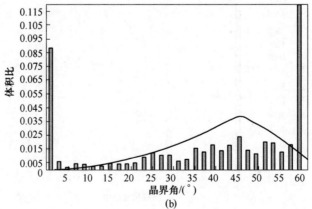

(b)

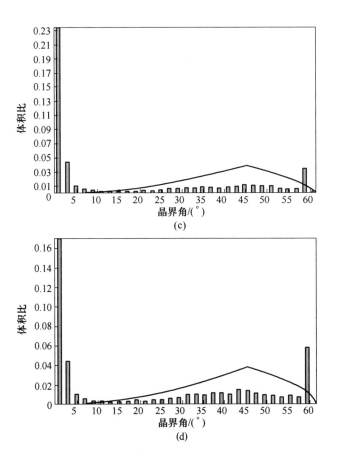

图 5.23 半固态 ZCuSn10 铜合金单向压缩后各个变形区晶界取向差角分布图

(a) 端部；(b) 过渡区；(c) 中心区；(d) 自由变形区

而半固态 ZCuSn10 铜合金单向自由压缩后大变形区和自由变形区的晶界取向差角主要以 1°~3° 的小角度晶界为主且呈单峰状态，说明在压缩变形时，大变形区由于受到的外力较大，使得大量的滑移线及亚结构在晶粒内部堆积，造成小角度晶界或者亚晶数量上升。压缩变形时，自由变形区也有部分的滑移线及亚结构在晶粒内部堆积，造成小角度晶界或者亚晶数量上升。而少量的大角度晶界存在，可以说明半固态 ZCuSn10 铜合金单向自由压缩后自由变形区的组织也发生了再结晶，但所占比例相较难变形区和过渡区域较小。

图 5.24 是图 5.20 中半固态 ZCuSn10 铜合金压缩后各个变形区再结晶统计示意图。如图 5.24（a）所示，半固态 ZCuSn10 铜合金压缩后难变形区再结晶的数量占 90%；如图 5.24（b）所示，半固态 ZCuSn10 铜合金压缩后过渡区域再结晶的数量占 80%；如图 5.24（c）所示，半固态 ZCuSn10 铜合金压缩后大变形区再

结晶数量占 15%；如图 5.24（d）所示，半固态 ZCuSn10 铜合金压缩后再结晶数量占 42%。这与上述结果一致，即难变形区和过渡区域发生了大量的再结晶，而大变形区再结晶较少，自由变形区再结晶较大变形区多，但与难变形区、过渡区域相比较少。

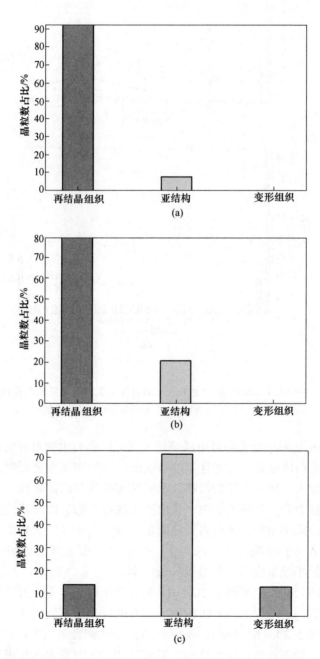

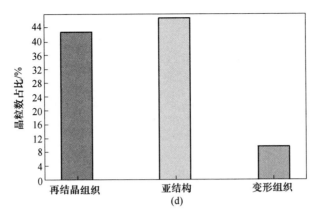

图 5.24 半固态 ZCuSn10 铜合金单向压缩后各个变形区再结晶晶粒统计图
(a) 端部；(b) 过渡区；(c) 中心区；(d) 自由变形区

由图 5.20~图 5.24 可以看出，难变形区和过渡区域主要以大角度晶界为主，大变形区和自由变形区主要以小角度晶界为主，这说明压缩变形前，原始半固态组织中大部分晶粒内部含有较高的形变储存能，难变形区和过渡区域由于变形程度小，仍然为大角度晶界，发生再结晶。而大变形区由于变形程度较大，晶粒内部分解出很多细小亚晶界以释放晶内大量的形变储能，从而使小角度晶界数量显著增加，而原先一部分储能较低的晶粒，在外力下吞噬一些周围的小晶粒，从而变成一些稳定的大角度晶界。

综上所述，半固态 ZCuSn10 铜合金单向自由压缩后组织无明显择优取向，压缩变形过程中固相晶粒的变形没有方向性，难变形区、过渡区域、大变形区，自由变形区都有一定数量的孪晶出现，但只发生在某些晶粒内，说明孪晶的产生有一定的选择性。难变形区和过渡区域主要以大角度晶界为主，存在少量的小角度晶界发生大量的再结晶。大变形区和自由变形区组织主要以小角度晶界为主，说明压缩变形是从固相晶粒内部进行的，且都存在一定量的大角度晶界，压缩变形后大变形区和自由变形区发生了再结晶，但所占比例较小。

5.4 半固态 ZCuSn10 铜合金单向压缩真应力-应变特征

5.4.1 常规铸态与半固态单向压缩变形真应力-应变曲线

图 5.25 是常规铸态与半固态单向压缩变形真应力-应变曲线。图 5.25 (a) 是常规铸态的 ZCuSn10 铜合金单向压缩后不同温度下的真应力-应变曲线，可以看出，常规铸态的 ZCuSn10 铜合金单向压缩真应力-应变曲线在不同温度下的形状走势是相同的，都是在压缩开始时应力迅速上升，并达到峰值应力，达到峰值

应力以后随着压缩的进行缓慢下降，最后趋于稳定，达到稳态应力。且常规铸态压缩达到峰值应力后的缓慢下降阶段应力变化较小，有一个短暂的接近平台的压缩阶段出现。图 5.25（b）是半固态 ZCuSn10 铜合金在不同温度下单向压缩真应力-应变曲线。可以看出，压缩刚开始时，真应力-应变曲线都是迅速上升直到达到峰值应力，随后随着应变的增加，真应力-应变曲线缓慢下降，最后达到稳定状态不再下降。温度较高时，真应力-应变曲线上升较慢，下降时也较为缓慢。

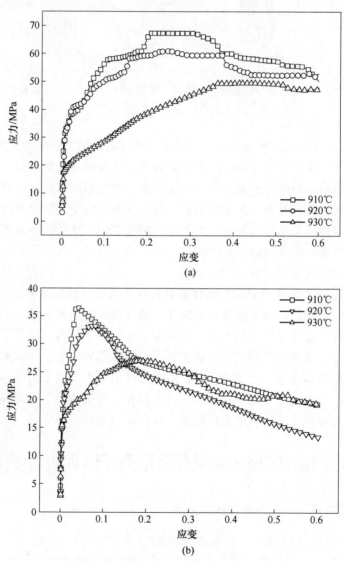

图 5.25　常规铸态与半固态单向压缩变形真应力-应变曲线

$(\varepsilon = 0.6 \text{、} \dot{\varepsilon} = 10\text{s}^{-1})$

（a）铸态；（b）半固态

由图 5.25 还可以看出，常规铸态压缩时真应力-应变曲线和半固态压缩时真应力-应变曲线的形状和是相似的，即都可以分为三个阶段，压缩一开始的迅速上升阶段、随后的下降阶段和最后的稳定状态。且真应力-应变曲线都是随着温度的升高而下移，即温度越高应力越小。这是由于随着温度的升高，无论是常规铸态还是半固态 ZCuSn10 铜合金的液相都增加，因此抗力降低，应力也降低。还可以看出常规铸态压缩时应力远大于半固态压缩时的应力，这是由于常规铸态的组织是由粗大的树枝晶构成的网状结构，要打破这一结构实现压缩变形需要较大应力，而半固态组织是由液相包裹的近球形晶粒构成，这其中不仅有液相的润滑作用还有近球形的固相颗粒也易于翻转滑动，使得应力显著降低。

表 5.5 为 ZCuSn10 铜合金常规铸造和半固态试样在应变为 0.6、应变速率为 $10s^{-1}$、不同温度下单向压缩变形后的峰值应力。当常规铸造压缩试样变形温度为 910℃ 时，峰值应力为 67.89MPa；当变形温度为 920℃ 时，峰值应力为 60.07MPa；当变形温度为 930℃ 时，峰值应力为 49.82MPa。当半固态压缩试样变形温度为 910℃ 时，峰值应力为 37.73MPa；当变形温度为 920℃ 时，峰值应力为 34.03MPa；当变形温度为 930℃ 时，峰值应力为 27.52MPa。由此可以看出，常规铸态 ZCuSn10 铜合金压缩试样峰值应力随着温度的升高而降低，半固态 ZCuSn10 铜合金压缩试样峰值应力也是随着温度的升高而降低。

表 5.5　ZCuSn10 铜合金常规铸造和半固态试样在不同温度下单向压缩后峰值应力

试　样	温度/℃		
	910	920	930
常规铸态应力/MPa	67.89	60.07	49.82
半固态应力/MPa	37.73	34.03	27.52

可见，不论是常规铸态的 ZCuSn10 铜合金压缩试样还是半固态 ZCuSn10 铜合金压缩试样，峰值应力随温度的变化都是一致的，说明温度对峰值应力影响较大。温度之所以影响压缩应力是由于温度的升高增加了压缩试样内部的液相，使得压缩应力降低。温度对峰值应力的影响较大是由于在压缩开始时出现的瞬态激增阶段的主要变形是液相的流动和固-液混合流动，液相的多少对压缩变形影响较大，而当达到稳态阶段时，固相晶粒间永久塑性变形，达到屈服极限，这时候大部分液相已经被挤出流向了无约束的自由变形区，对压缩变形的影响较小，因此温度对此时的变形影响较小。

5.4.2　预变形量对半固态铜合金单向压缩真应力-应变曲线的影响

利用 SIMA 法工艺制备的不同预变形量 ZCuSn10 铜合金半固态试样在 900℃

和 910℃进行等温压缩变形后的真应力-应变曲线如图 5.26 所示。可以看出，不同预变形量和不同温度下压缩试样的真应力-应变曲线形状是相似的。在变形的初始阶段，随着应变的增加，应力值从零迅速增加到最大峰值应力，曲线表现为准弹性。这时的合金组织可以看成是近球状 α-Cu 固相颗粒与液相搭建的骨架组成，由于受到压应力的作用，液相由中心处的较大等静压力区域向外侧较小等静压力区域流动，使得液相在宏观范围内重新分布，此阶段的变形方式为液相流动及固-液相混合流动，出现了固-液协同流动现象。当应变继续增加时，真应力-应变曲线出现了缓慢下降的趋势，说明此时合金发生了永久塑性变形。在外力的作用下，外力要克服（α-Cu）球形晶粒间液相的运动阻力和（α-Cu）球形晶粒之间的摩擦阻力，液相与（α-Cu）固相之间发生相界面滑动。随着压缩的进行，球状固相晶粒不断调整运动方向与位置，使液相与（α-Cu）固相晶粒之间的相界面滑动得以进行。同时，热源不断地向变形体提供能量，液相与固相之间的表面张力逐渐降低，使固相晶粒与液相的滑移转动更易进行，因此，随应变的增加，应力缓慢降低，最终应力与应变达到了相对稳定的状态，此阶段的变形方式为固相晶粒塑性变形。由图 5.26 还可以看出，随着预变形量的增加，应力减小，这是由于预变形量增加对常规铸态 ZCuSn10 铜合金内部的粗大枝晶产生了较大的破坏作用，并且储备的变形能较大，因此在重熔保温时较预变形量小的试样能产生更多的液相，所以随着预变形量的增加应力降低。

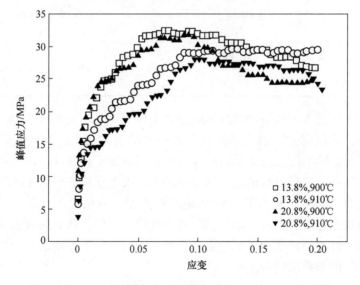

图 5.26 ZCuSn10 铜合金半固态试样在 900℃和 910℃进行
单向压缩变形后真应力-应变曲线

表 5.6 为半固态 ZCuSn10 铜合金试样压缩变形后的峰值应力。由表 5.6 可以看出，当预变形量为 13.8%、变形温度 900℃ 时，峰值应力为 32.88MPa；变形温度为 910℃ 时，峰值应力 30.04MPa。当预变形量为 20.8%、变形温度为 900℃ 时，峰值应力为 32.41MPa；变形温度为 910℃ 时，峰值应力为 28.52MPa。由此可知，峰值应力随温度变化较大，稳态应力随温度变化较小。说明温度对峰值应力的影响较大，对稳态应力影响较小。在半固态变形过程中，随着变形温度的升高，合金中液相体积分数增大，热源提供的热激活能也更高，变形时，液相裹着固相颗粒移动，使得晶粒之间的滑移转动容易进行，流变应力显著降低。而在后期的变形过程当中，由于液相流动性较好，先于固相被挤出，使得液相对变形的影响减弱，当压缩变形达到稳定状态后温度对压缩变形的影响变小。

表 5.6 ZCuSn10 铜合金半固态试样在不同温度下单向压缩后峰值应力

预变形量/%	900℃的应力/MPa	910℃的应力/MPa
13.8	32.88	30.04
20.8	32.41	28.52

5.4.3 温度对半固态铜合金单向压缩真应力-应变曲线的影响

图 5.27 为半固态 ZCuSn10 铜合金在不同温度下压缩真应力-应变曲线。可以看出，无论应变量为 0.4、0.6 还是 0.8 的 ZCuSn10 铜合金压缩试样，压缩变形的温度都是一个重要的工艺参数，它对变形过程的影响特别明显。真应力-应变曲线整体呈现的走势都是一致的，压缩一开始时，变形应力迅速上升到最高点，随着应变的增大，变形应力又逐渐降低，由于压缩过程中外在因素的影响，真应力-应变曲线中间有较小的波动，但是最后都缓慢降低到一个较低的稳定值。这是由于在压缩变形刚开始时，随着压缩应变的增加，压缩应力要克服半固态 ZCuSn10 铜合金压缩试样内液相间的流动应力和液-固相之间的摩擦阻力，因此在压缩一开始应力快速上升，直至达到半固态 ZCuSn10 铜合金的屈服极限，即压缩应力的最高值，这时半固态 ZCuSn10 铜合金压缩试样的变形进行到固相晶粒间的塑性变形，应力达到最高值时，说明半固态 ZCuSn10 铜合金压缩试样的固相颗粒间发生了永久塑性变形。随后，由于压缩应力对试样的剪切作用，半固态 ZCuSn10 铜合金试样中初生（α-Cu）颗粒被液相包裹，液相的润滑作用使得滑移转动更加容易进行，降低了（α-Cu）固相颗粒间的摩擦力，引起压缩应力降低。随着压缩的进行，半固态 ZCuSn10 铜合金试样中的液相在外力的作用下向试样边

缘的自由变形区流动，在压缩变形后期，试样心部的液相越来越少。在应力降低过程中的小波动，可能与变形应力数值的误差有关，干扰了应力数据的变化规律。

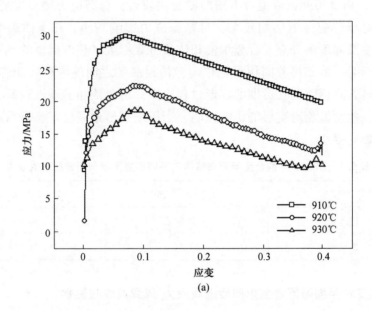

(a)

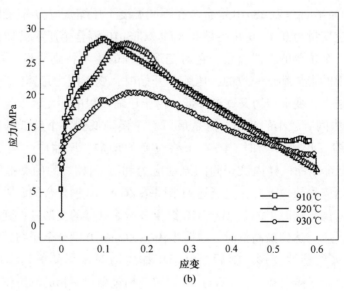

(b)

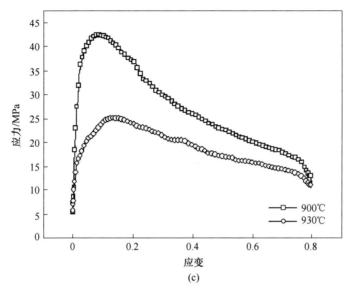

(c)

图 5.27   半固态 ZCuSn10 铜合金试样在不同温度下进行单向压缩变形后真应力-真应变曲线

（a）应变速率 0.5s⁻¹，应变量 0.4；（b）应变速率 0.5s⁻¹，应变量 0.6；

（c）应变速率 0.5s⁻¹，应变量 0.8

由图 5.27 还可以看出，在相同应变速率和应变量下，变形温度越低，压缩时的变形应力越高，相反，变形温度越高，压缩变形应力越低。这是由于随着温度的升高，半固态 ZCuSn10 铜合金的液相增加，压缩变形时液相对固相骨架的变形起到一定的润滑作用，且液相增多能更好地包裹固相晶粒，压缩变形时，固相晶粒间的液相薄膜越厚，固相间几乎没有结合力，使得变形越容易进行，压缩变形应力就越低。

表 5.7 为半固态 ZCuSn10 铜合金压缩变形后的峰值应力。当应变为 0.4、应变速率为 0.5s⁻¹ 时，变形温度为 910℃ 的峰值应力为 31.03MPa，变形温度为 920℃ 的峰值应力为 22.54MPa，变形温度为 930℃ 的峰值应力为 18.62MPa；当应变为 0.6、应变速率为 0.5s⁻¹ 时，变形温度为 910℃ 的峰值应力为 29.36MPa，变形温度为 920℃ 的峰值应力为 27.21MPa，变形温度为 930℃ 的峰值应力为 20.08MPa；当应变为 0.8、应变速率为 5s⁻¹ 时，变形温度为 900℃ 的峰值应力为 43.05MPa，变形温度为 930℃ 的峰值应力为 25.68MPa。由表 5.7 可以看出，在相同应变速率和应变下，随着温度的升高峰值应力均降低，在其他压缩变形条件相同的情况下，不同变形温度下峰值应力的变化较大，因此温度主要影响峰值应力。这与不同预变形量压缩时的情况一致。

表 5.7　半固态 ZCuSn10 铜合金试样在不同温度下单向压缩后峰值应力

应变	应力 σ_m/MPa							
	900℃		910℃		920℃		930℃	
	$0.5s^{-1}$	$5s^{-1}$	$0.5s^{-1}$	$5s^{-1}$	$0.5s^{-1}$	$5s^{-1}$	$0.5s^{-1}$	$5s^{-1}$
0.4	—	—	31.03	—	22.54	—	18.62	—
0.6	—	—	29.36	—	27.21	—	20.08	—
0.8	—	43.05	—	—	—	—	—	25.68

5.4.4　应变速率对半固态铜合金单向压缩真应力-应变曲线的影响

图 5.28 (a) 是半固态 ZCuSn10 铜合金在应变量为 0.6、变形温度为 910℃ 下的不同变形速率下的压缩真应力-应变曲线，图 5.28 (b) 是半固态 ZCuSn10 铜合金在应变量为 0.6、变形温度为 920℃ 下的真应力-应变曲线。由图 5.28 可以看出，按照 ZCuSn10 铜合金半固态压缩变形时真应力-应变曲线的变化趋势可以将曲线分为 3 个阶段，第 1 阶段为压缩开始应变很小时，流变应力随着应变的增加瞬间增大，并很快达到峰值应力，是瞬态激增阶段。半固态 ZCuSn10 铜合金组织可以看成是近球形固相颗粒和包裹在周围的液相组成的多孔材料，在压缩变形开始时，由于受到压力的作用，液相流动性较好会先行流动，大量的液相流动具有一定的冲击力，这样便带动近球形的固相颗粒一起流动，流变应力要克服液相间的流动阻力和固相与液相之间的摩擦阻力，则会出现瞬态激增的现象。第 2 阶段为流变应力缓慢下降阶段，随着压缩变形的进行，应力达到峰值应力之后，流变应力出现了缓慢下降，这是因为在应力达到峰值应力时固相晶粒之间出现了永久性塑性变形，已经达到屈服极限，因此之后的压缩变形应力缓慢下降。第 3 阶段为流变应力达到稳定状态。

在半固态 ZCuSn10 铜合金试样压缩变形时，应变速率是另一个重要的工艺参数，它对变形过程的影响也很明显。由图 5.28 (a) 可以看出，在应变量和变形温度相同时，应力随应变速率的增加而增加，且都在应变很小时便达到了峰值应力。图 5.28 (b) 与图 5.28 (a) 的变化趋势是一致的。这是由于压缩变形开始时，液相最先流动，然后带动近球形的固相颗粒一起流动，这时的变形主要是液相流动和固液混合流动，这一变形阶段出现了固-液协同流动的现象。但是应变速率越大，变形速度就越快，在很短的时间内，压缩变形就由液相流动和固-液间的混合流动这一协同阶段过渡到固相颗粒间相互接触挤压的塑性变形阶段，固相颗粒间的塑性变形程度随着变形速率的增加而加强，从而导致流变应力随应变的增加而急剧增加，显然流变应力对应变速率比较敏感。表明半固态 ZCuSn10 铜合金是一种应变速率敏感的材料。

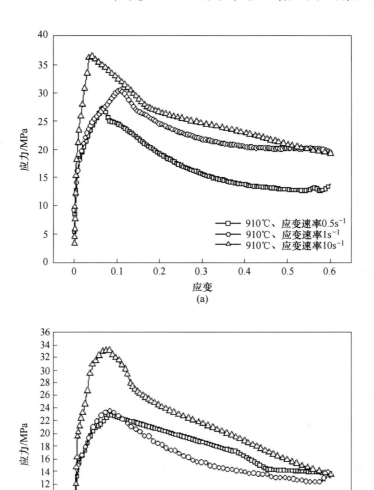

图 5.28 半固态 ZCuSn10 铜合金试样在不同应变速率下进行
单向压缩变形后真应力-真应变曲线

表 5.8 为半固态 ZCuSn10 铜合金压缩变形后的峰值应力 σ_m。当应变量为
0.6、变形温度为 910℃、应变速率分别为 0.5、1 和 10 时，峰值应力分别为
27.34MPa、30.21MPa 和 36.92MPa；当应变量为 0.6、变形温度为 920℃、应变
速率分别为 0.5、1 和 10 时，峰值应力分别为 23.56MPa、24.08MPa 和

34.02MPa。可以看出，流变应力对应变速率较为敏感。随着应变速率增加，峰值应力也增大。这是由于随着应变速率的升高，使得变形速度加快，即液相的流动、固-液混合流动及固相晶粒之间的滑移转动速度加快，这时需要更大的变形应力来克服变形阻力，所以变形抗力显著提高。与此同时，应变速率的增加也使得变形时间缩短，这样便没有足够的时间让液相充分发挥对近球形固相晶粒的润滑作用，使得固相晶粒之间相互接触导致固-液相提早分离，变形在较短时间内由液相流动、固-液混合流动这样的协同流动进入固相晶粒间的塑性变形，导致流变应力增加。

表 5.8　ZCuSn10 铜合金半固态试样在应变量为 0.6、不同应变速率下单向压缩后峰值应力

温度/℃	应力 σ_m/MPa		
	$0.5s^{-1}$	$1s^{-1}$	$10s^{-1}$
910	27.34	30.21	36.92
920	23.56	24.08	34.02

5.4.5　应变量对半固态铜合金单向压缩真应力-应变曲线的影响

图 5.29 是半固态 ZCuSn10 铜合金试样在应变速率为 $1s^{-1}$、变形温度为 920℃时不同应变量的单向压缩真应力-应变曲线。由图 5.29 可以看出，当应变量大于0.1 时，即应变量为 0.2、0.4、0.6 时，真应力-应变曲线可以分为 3 个阶段，即压缩变形初始阶段的瞬态激增阶段、缓慢下降阶段和稳态阶段。由图 5.29 还可

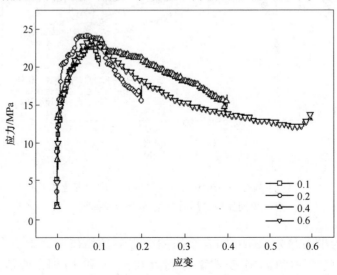

图 5.29　半固态 ZCuSn10 铜合金试样在不同应变量下进行单向压缩变形后真应力-真应变曲线

以看出，峰值应力都出现在应变为 0.1 的附近，达到峰值应力之前，不同应变量的压缩真应力-应变曲线几乎是重合的，这是由于压缩变形的试样状态是相同的，变形条件也是相同的。峰值应力过后的缓慢下降阶段，较小应变量如应变量为 0.1 时，压缩试样的真应力-应变曲线几乎没有出现应力缓慢下降阶段和之后的稳态应力阶段，这是由于应变量为 0.1 时，压缩试样的变形程度较小，还没有进入下一个变形阶段压缩变形就已经结束，因此不会再出现变形的后续两个阶段，而应变量为 0.1 时出现了一小段应力下降的曲线，这可能是压缩变形完成时，实验设备在卸载过程中出现的误差。

表 5.9 是半固态 ZCuSn10 铜合金试样在不同应变量下单向压缩后的峰值应力。当应变速率为 $1s^{-1}$、变形温度为 920℃，应变量分别为 0.1、0.2、0.4、0.6 时，峰值应力分别为 22.58MPa、23.56MPa、22.46MPa、22.89MPa。可以看出，随着应变量的增加，峰值应力的变化很小，几乎没有差别。这是由于压缩变形时，试样的初始状态是一致的，无论是应变量较大的压缩试样还是应变量较小的压缩试样，峰值应力都出现在应变为 0.1 的附近，说明压缩试样在应变量为 0.1 附近时，固相晶粒达到屈服极限，发生了永久塑性变形。当应变量大于 0.1 时，随着应变量的增加，压缩应力降低并趋于稳定值。由此可知，应变量对峰值应力的影响较小。

表 5.9　半固态 ZCuSn10 铜合金试样在不同应变量下单向压缩后峰值应力和稳态应力

应变量	0.1	0.2	0.4	0.6
应力 σ_m /MPa	22.58	23.56	22.46	22.89

5.5　半固态 ZCuSn10 铜合金本构模型的建立

半固态 ZCuSn10 铜合金在半固态温度区间变形时，其流变应力 σ 是应变速率 $\dot{\varepsilon}$、应变量 ε、变形温度 T 和液相率 f_L 的函数。对高固相分数的半固态金属本构关系模型的研究表明，流变应力 σ 与应变速率 $\dot{\varepsilon}$ 和应变量 ε 呈幂函数关系，而与温度 T、液相率 f_L 呈指数函数关系。同时由图 5.29 半固态 ZCuSn10 铜合金在不同应变量下的压缩真应力-真应变曲线可知，当应变量的值 $\varepsilon < 0.1$ 时，流变应力随着应变增大而迅速增大并达到峰值；当应变量的值 $\varepsilon > 0.1$ 时，流变应力缓慢减小并趋于一稳定值。因此，本章采用分阶段的方法建立半固态 ZCuSn10 铜合金的本构关系模型。当应变量的值 $\varepsilon < 0.1$ 时，变形主要以液相流动和固-液混合流动为主，这一阶段流变应力受液相的影响较为明显，所以建立半固态 ZCuSn10 铜合金本构关系模型时要考虑液相率的影响；而当应变量的值 $\varepsilon > 0.1$ 时，即峰值应力过后的变形过程中流变应力受固相间滑移转动及固相晶粒间塑性变形的影响，因此建立半固态 ZCuSn10 铜合金本构关系模型时不考虑液相率的影响。

5.5.1　应变量小于 0.1 的半固态 ZCuSn10 铜合金本构关系模型

当应变量 $\varepsilon < 0.1$ 时，对流变应力 σ 与应变速率 $\dot{\varepsilon}$、轴向应变 ε、温度 T 和液相率 f_L 之间的关系假设如下：

$$\sigma = a_0 \exp(a_1/T) \dot{\varepsilon}^{a_2} \varepsilon^{a_3} (1 - \beta f_L)^{a_4}$$

$$f_L = \left(\frac{t_M - t_L}{t_M - t}\right)^{\frac{1}{1-K}} \tag{5.3}$$

式中　　　　　σ——流变应力；

　　　　　　　ε——轴向应变；

　　　　　　　$\dot{\varepsilon}$——轴向应变速率；

　　　　　　　T——变形温度；

　　　　　　　f_L——液相率；

　　　　　　　β——几何参数，$\beta = 1.5$；

　　　　　　　t_M——纯金属溶剂的熔点；

a_0，a_1，a_2，a_3，a_4——常数；

　　　　　　　t_L——合金的液相线温度；

　　　　　　　K——平衡分配比值。

对式（5.3）两边取对数，把非线性回归转化成线性回归，可得：

$$\ln\sigma = \ln a_0 + a_1/\theta + a_2\ln\dot{\varepsilon} + a_3\ln\varepsilon + a_4\ln(1 - \beta f_L) \tag{5.4}$$

式（5.4）可以用线性方程表示：

$$y = A_0 + A_1 X_1 + A_2 X_2 + A_3 X_3 + A_4 X_4 \tag{5.5}$$

式中，令 $y = \ln\sigma$、$X_1 = 1/T$、$X_2 = \ln\dot{\varepsilon}$、$X_3 = \ln\varepsilon$、$X_4 = \ln(1 - \beta f_L)$、$A_0 = \ln a_0$、$A_1 = a_1$、$A_2 = a_2$、$A_3 = a_3$、$A_4 = a_4$。

利用 SPSS 数理统计软件进行回归系数与统计检验指标的计算，回归分析的计算过程中，分别取应变为 0.01、0.05、0.1，对应的真应力见表 5.10，求出的回归系数与各项统计指标的值见表 5.11。

表 5.10　$\varepsilon<0.1$ 时，流变应力 σ 与应变 ε、应变速率 $\dot{\varepsilon}$ 和温度 T 的原始数据

$\dot{\varepsilon}/s^{-1}$	应变	σ/MPa		
		910℃	920℃	930℃
	0.01	16.43	15.13	12.06
0.5	0.05	25.17	28.86	13.65
	0.1	25.24	24.94	21.02

$\dot{\varepsilon}/\text{s}^{-1}$	应变	σ/MPa		
		910℃	920℃	930℃
1	0.01	16.93	15.64	12.24
	0.05	25.63	21.67	13.72
	0.1	26.97	24.97	21.35
5	0.01	27.02	16.59	12.43
	0.05	29.45	23.45	14.57
	0.1	29.93	27.03	21.55
10	0.01	28.87	20.09	13.93
	0.05	29.66	27.59	17.02
	0.1	30.84	27.98	26.62

表 5.11 非线性回归系数

标号	非标准系数	标准差	Sig. P	R
A_0	55.08	46.533	0.246	
A_1	−55294.367	51893.862	0.295	
A_2	0.079	0.016	0	0.932
A_3	0.180	0.020	0	
A_4	13.085	7.697	0.99	

通过式（5.4）和式（5.5）的换算，将表 5.11 中的相关参数代入式（5.3）可得：

$$\sigma = \exp(55.08 - 55294.367/T)\dot{\varepsilon}^{0.079}\varepsilon^{0.18}(1 - \beta f_L)^{13.085}$$

$$f_L = \left(\frac{t_M - t_L}{t_M - t}\right)^{\frac{1}{1-K}} \tag{5.6}$$

5.5.2 应变量大于 0.1 的半固态 ZCuSn10 铜合金本构关系模型

当应变量 $\varepsilon > 0.1$ 时，对流变应力 σ 与应变速率 $\dot{\varepsilon}$、轴向应变 ε、温度 T 和液相率 f_L 之间的关系假设如下：

$$\sigma = b_0\exp(b_1/T)\dot{\varepsilon}^{b_2}\varepsilon^{b_3} \tag{5.7}$$

式中　　σ——轴向应力；

　　　　ε——轴向应变；

　　　　$\dot{\varepsilon}$——轴向应变速率；

　　　　T——变形温度；

b_0, b_1, b_2, b_3 ——常数。

对式 (5.7) 两边取对数，把非线性回归转化成线性回归得：

$$\ln\sigma = \ln b_0 + b_1/T + b_2\ln\dot{\varepsilon} + b_3\ln\varepsilon \tag{5.8}$$

式 (5.8) 可以用线性方程表示为：

$$y = B_0 + B_1X_1 + B_2X_2 + B_3X_3 \tag{5.9}$$

式中，令 $y = \ln\sigma$、$X_1 = 1/T$、$X_2 = \ln\dot{\varepsilon}$、$X_3 = \ln\varepsilon$、$B_0 = \ln b_0$、$B_1 = b_1$、$B_2 = b_2$、$B_3 = b_3$。

利用 SPSS 数理统计软件进行回归系数与统计检验指标的计算，回归分析的计算过程中，分别取应变为 0.1、0.2、0.4、0.6，对应的真应力见表 5.12，求出的回归系数与各项统计指标的值见表 5.13。

表 5.12　$\varepsilon>0.1$ 时，流变应力 σ 与应变 ε、应变速率 $\dot{\varepsilon}$ 和温度 T 的原始数据

$\dot{\varepsilon}/\mathrm{s}^{-1}$	应变	σ/MPa		
		910℃	920℃	930℃
0.5	0.1	25.24	24.94	21.02
	0.2	24.04	23.32	20.11
	0.4	13.78	13.58	13.15
	0.6	13.66	9.4	7.68
1	0.1	26.97	24.97	21.35
	0.2	24.45	23.15	20.16
	0.4	20.45	13.7	13.42
	0.6	19.55	13.96	13.36
5	0.1	27.93	27.03	21.55
	0.2	26.64	25.18	23.12
	0.4	24.75	22.23	21.06
	0.6	23.06	21.54	16.25
10	0.1	28.43	27.98	26.62
	0.2	27.25	26.98	25.45
	0.4	24.83	23.74	21.89
	0.6	24.65	22.18	19.76

表 5.13　非线性回归系数

标号	非标准系数	标准差	Sig. P	R
B_0	−10.878	3.171	0.001	
B_1	16036.273	3782.043	0	
B_2	0.136	0.018	0	0.874
B_3	−0.262	0.032	0	

通过式（5.8）和式（5.9）的换算，将表 5.13 中的相关参数代入式（5.7）可得：

$$\sigma = \exp(-10.878 + 16036.273/T)\dot{\varepsilon}^{0.136}\varepsilon^{-0.262} \qquad (5.10)$$

式（5.6）和式（5.9）是半固态 ZCuSn10 铜合金的压缩真应力与应变速率、压缩真应变、温度及液相分数之间的黏塑性本构方程，从表 5.11 和表 5.13 可知，两个阶段的相关系数分别为 0.932 和 0.874。如图 5.30 所示，流变应力的计算值与实验值差别很小，计算值与实验值吻合较好。

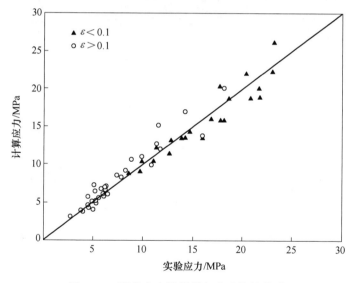

图 5.30　流变应力计算值与实验值的关系

5.6　半固态 ZCuSn10 铜合金压缩变形组织及应力分析

半固态合金最大的特点是同时具有近球状的固相晶粒和充斥其间的液相两种组织，因此半固态金属在变形过程中同时具有流变特性和触变特性，其力学行为和变形机制与传统固态合金相比有很大不同，它既不同于液态金属的流动，也不同于固态合金的塑性变形。在工业实际应用中，正是利用半固态的这一特性来成形零件的，因此本节对半固态 ZCuSn10 铜合金压缩过程中各个阶段的变形机制进行了分析研究。

5.6.1 半固态 ZCuSn10 铜合金压缩变形后的组织

图 5.31 是半固态 ZCuSn10 铜合金压缩试样在应变为 0.6、应变速率为 $10s^{-1}$、温度为 910℃ 的压缩后整体微观组织。由图 5.31 可以明显观察到前文所述的 3 个变形区域，即靠近端部的难变形区、试样中心的大变形区、试样鼓肚部分的自由变形区。难变形区组织为半固态近球形组织；大变形区晶粒畸变严重，液相大量减少；自由变形区液相增多，有孔洞和裂纹形成。图 5.31 的方向箭头表示压缩过程中液相流动的方向，可以看出，液相由难变形区流向大变形区，最后流向自由变形区，在自由变形区可以观察到明显的液相流动通道。

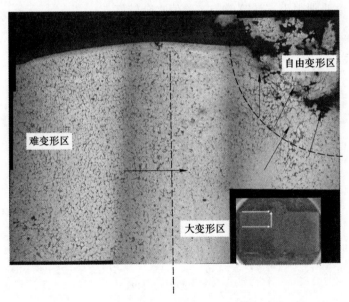

图 5.31　半固态 ZCuSn10 铜合金压缩变形显微组织

5.6.2 半固态 ZCuSn10 铜合金压缩试样的应力状态

对于高固相体积分数（大于 60%）的半固态坯料，半固态加工仅利用流变学行为来描述是远远不够的，对其塑性流动的研究越来越受到了重视。这是由于在固相体积分数较高的情况下，固相晶粒之间的机械连接组成骨架结构，变形时，宏观应力由固体骨架和充斥在其间隙内的液相一起承担，应力的偏应力部分仅由固相晶粒承担，静水压力分别由固相晶粒和液相承担；且半固态 ZCuSn10 铜合金压缩试样由于压头两端存在摩擦力的作用，使其宏观应力分布较为复杂。当试样的端部与压头相接触，在这个位置液相中的等静压应力最大，并且沿着试样半径增加的方向减小，试样最外侧靠近试样表面的液相中等静压应力最小，这个位置存在切向拉应力。半固态 ZCuSn10 铜合金压缩试样中心部位的应力状态如图 5.32 所示。图 5.32 中阴影部分所示为液相，液相中间椭圆所示部分为孔洞。由图 5.32 可知，固相晶粒晶界处主要受到平行于压缩轴的法向压缩应力 σ 和与沿晶界的剪切应力 τ 的作用（见图 5.32 中晶界 c 和晶界 d）。同时由于压缩过程中液相向约束较小的试样两侧运动，所以平行于压缩轴方向的晶界处的液相中存在等静拉应力 p（见图 5.32 中晶界 a 和晶界 b）。

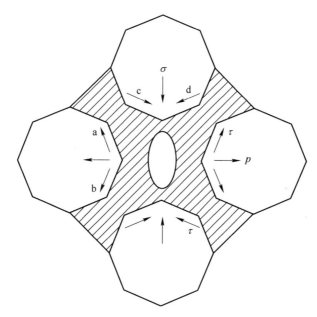

图 5.32 半固态 ZCuSn10 铜合金压缩后中心区域应力分布示意图

5.7 半固态 ZCuSn10 铜合金压缩变形机制

5.7.1 半固态金属变形机理

Chen 等人[81]采用液相流动、液-固相颗粒混合流动、固相晶粒塑性变形和固相晶粒间的滑动 4 种变形机制来描述半固态坯料在不同变形条件下的变形本质。当液相将固相晶粒间的孔隙充满，固相之间未完全接触，固相晶粒间存在比较畅通的液相流动通道时，变形方式主要以液相流动和液-固相混合流动为主；当固相体积分数较高，固相晶粒间相互接触，液相流动通道受阻或不畅通时，变形方式主要以固相晶粒塑性变形和固相晶粒间的滑动为主。

表 5.14 列出了半固态金属的 4 种变形机制的图，箭头所示为压缩外力的方向。可以看出，变形区域由变形前的正方形变为变形后的长方形。在液相流动变形中，固相被液相包裹，固相间没有接触，在液相流动通道畅通，变形时，液相向垂直于压缩外力的方向流动，固相向平行于压缩外力的方向流动，变形后液相发生偏析。在液-固相混合流动变形中，液相通道畅通，固相与液相能实现协同流动。变形中，固相既沿着平行压缩外力的方向流动，也沿着垂直压缩外力的方向流动。在固相晶粒间滑移转动变形中，固相晶粒间开始接触产生摩擦力，液相流动通道变窄，此时需要更大的变形外力来克服固相晶粒间的摩擦力与液相流动阻力。在固相晶粒间的塑性变形，液相通道被堵塞，固相晶粒间在压缩外力的作用下发生塑性变形并随着变形的进行而达到屈服极限。

表 5.14 半固态金属的 4 种变形机制

变形阶段	液相流动	液-固相混合流动	固相晶粒间滑移	固相晶粒塑性变形
变形前				
变形后				

5.7.2 半固态 ZCuSn10 铜合金压缩变形机制

图 5.31 所示的 3 个区域中，难变形区和自由变形区几乎无孔洞和裂纹分布，大变形区中孔洞和裂纹较多。图 5.33 （a）和（b）分别是图 5.31 中难变形区和自由变形区的放大图，图 5.33 中压缩轴与纸面横向平行。由图 5.31 可以看出，压缩变形刚开始时，压缩试样端部的难变形区液相等静压应力较大，此时难变形区的一部分液相在较大等静压应力作用下通过存在于固相晶粒之间的孔隙通道向等静压应力较小的区域流动，而这时压缩试样中心部位的等静压应力也较大，因

此试样端部的一部分液相便通过液相通道向等静压应力较小的压缩试样外侧转移，这时随着压缩的进行液相发生宏观转移并重新分布。这个过程中，液相转移的另一个原因是相邻晶界处的应力状态不同（见图 5.32）。此时，液相可能在作用于 c、d 晶界处的法向压缩应力的作用下向晶界 c、d 处的拉应力区移动。这两种液相的流动机制与图 5.33（a）（b）中箭头所示的位置相对应。液相流动引起的应变与半固态 ZCuSn10 铜合金在压缩的整个过程中产生的应变相比基本可以忽略[82]。因此，后续的压缩变形是由其他变形机制造成的。

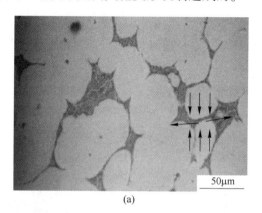

(a)

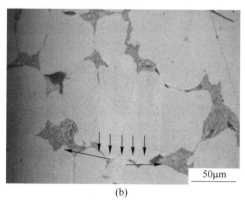

(b)

图 5.33 半固态 ZCuSn10 铜合金压缩后显微组织

由图 5.31 还可以看出，在大变形区几乎没有液相的存在，晶界不明显，固相晶粒粘连在一起，说明在大变形区发生了晶界滑移和固相晶粒间的塑性变形。固相晶粒间的滑移是通过剪应力的作用进行的，晶粒间的滑移大多数发生在最大剪应力处，如图 5.32 的 c、d 晶界处。由于压缩开始时液相的宏观转移和重新分布使得原本被液相包裹隔离的固相晶粒间先接触，这些固相晶粒在压应力的作用下发生塑性变形来调节晶界的滑移过程。当压缩试样晶界处液相的等静拉应力达到孔洞的形核临界值时，孔洞开始在液相富集处形核，并沿着平行于压缩轴的晶界扩展，这个时候应力便会得到松弛，随着应变的增加，应力缓慢下降，最后趋于一个稳定值。图 5.34 是半固态 ZCuSn10 铜合金在应变为 0.6、应变速率为 $10s^{-1}$、温度为 910℃压缩的真应力-应变曲线。上述变形在真应力-应变曲线上也有明显的体现。由图 5.34 看出，应力在压缩开始时迅速增加并达到峰值，这个阶段对应于液相的宏观转移和固相晶粒的滑移转动，即液相流动变形、固-液混合流动变形和固相间滑移转动变形，达到峰值时，固相晶粒间完成了塑性变形，并达到了屈服极限。峰值应力过后，应力随着应变的增加开始缓慢下降，对应着固相晶粒间的塑性变形达到屈服极限后，随着压缩的进行出现了应力松弛现象，随后应力随着应变的增加趋于稳定达到稳态应力，这对应着固相晶粒间的永久塑性变形。

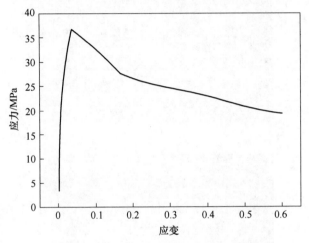

图 5.34 半固态 ZCuSn10 铜合金压缩真应力-应变曲线

6 非单向压缩铜合金半固态坯料变形行为和组织演变

6.1 实验材料及方法

6.1.1 实验材料

实验材料为 ZCuSn10 铜合金，ZCuSn10 合金的化学成分（质量分数）为：Cu 88.25%、Sn 10.48%、其他含量为 1.27%。

6.1.2 模具材料及结构

铜锡合金半固态温度区间为 830.7~1020.4℃，由于温度较高且充型过程中受到较大的载荷作用，故常见的模具钢材料无法达到高温强度的要求。

实验采用的模具材料为 MoLa 合金，该合金为高温合金，由基体和强化相组成。基体为金属钼，强化相为三氧化二镧，三氧化二镧以弥散质点分布在基体中。

金属钼属于难熔金属，钼具有较高的熔点（2610℃）和优良的高温强度、抗蠕变性能、低的热膨胀系数、好的导热性能。纯钼的使用经常被限制在它的再结晶温度（1000℃左右）以内，这是因为一旦钼发生再结晶，有害的杂质元素就富集在等轴晶的晶界上，从而使钼不但丧失其优良的高温性能，并且大大降低了其在常温时的性能。通常选用三氧化二镧作为第二相来提高高温性能，三氧化二镧的熔点在 2000℃以上，合金中三氧化二镧的含量一般为 0.5%~5.0%，具有较好的耐高温性，采用粉末冶金制备的钼镧合金在高温下具有较好的强度，适合作为高温模具材料。

模具的结构设计应当满足两点：便于试验操作和能够模拟铸造充型。充型模具的结构应当易于装夹在热/力模拟试验机上，且能使温度和载荷的分布合理；其次，要使半固态试样的充型流动过程贴近实际铸造充型过程。考虑以上两点，设计出如图 6.1 所示的模具结构示意图。

模具包括两部分，即凹模部分和冲头部分。凹模包括横向盲孔、纵向盲孔、模具夹持端、抬肩。横向盲孔尺寸为 φ10mm×23mm 的型腔，用于放置充型试样和作为冲头的进入端，试样在该型腔内受到冲头的载荷后开始充型，产生压缩变

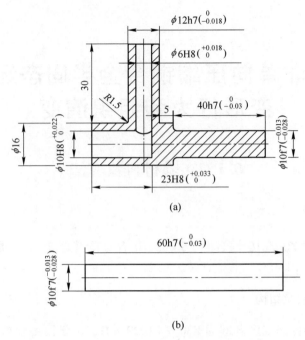

图 6.1　充型模具尺寸结构图

(a) 凹模；(b) 冲头

形；纵向盲孔尺寸为 φ6mm×33mm，作为试样充型后的挤出通道，横向盲孔和纵向盲孔垂直连通，由于纵向盲孔的内径小于横向盲孔的内径，故试样在充型过程中，不仅受到拐角处的应力，还受到由于内径突然变化而产生的挤压力作用，因此试样在整个充型过程中受到了较为复杂的力的作用，可以模拟实际的铸造充型过程。凹模的 φ10mm×40mm 一端为模具的夹持端，装夹在热/力模拟试验机的一侧夹头，冲头与试验机的另一侧夹头连接。图 6.2 所示为模具的实物图。

6.1.3　实验方法及技术路线

实验研究 ZCuSn10 铜合金在模拟铸造充型时的变形行为，首先需要设计出适合于进行半固态模拟充型试验模具的结构，然后制备出合格的半固态 ZCuSn10 铜合金坯料，加工为指定尺寸的充型试样，表面进行磨光并适当倒圆角，放置在充型模具的横向盲孔型腔内，最终进行半固态温度区间的模拟充型实验。将模具装卡在 Gleeble 试验机上后进行压缩，探讨二次加热温度、充型速率、充型量等工艺参数对半固态 ZCuSn10 铜合金模拟充型行为的影响，分析固-液两相充型流动的机制，得出固-液两相协同流动的判据。

模拟充型试验所用模具的设计是实验的关键，模具的选材应满足高温强度的

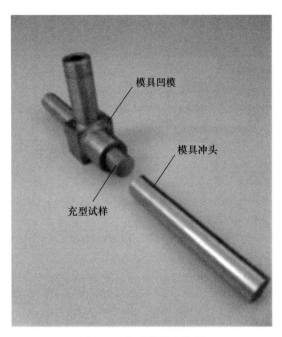

图 6.2 充型模具实物图

要求，结构设计应该尽量满足操作简便，并尽可能贴近实际充型过程。

实验中，ZCuSn10 铜合金半固态浆料的制备采用应变诱导熔化激活法得到近球状晶粒均匀分布在液相中的半固态组织。该方法的主要工艺步骤包括两大部分：预变形和固-液两相区的重熔处理。

制备出半固态坯料后，将其加工为适合放置于模具型腔尺寸的试样，装卡后最终在 Gleeble 试验机上进行模具和试样的共同加热及保温，即半固态组织的二次加热过程。保温结束后试样重新回到半固态组织，即可进行充型实验，充型速率和充型量是充型过程的主要变量。充型完毕后立马进行水淬，保留半固态的组织，对充型结束后的试样进行分析。

图 6.3 为实验的具体技术路线。

6.1.3.1 轧制预变形

半固态 ZCuSn10 铜合金采用应变诱导熔化激活法制备，制备过程分为两个阶段：预变形和重熔处理。

采用轧制预变形的应变诱导熔化激活法制备 ZCuSn10 铜合金半固态坯料，其过程主要是：

（1）浇铸铸锭。用金属模浇铸板状铜合金铸锭，按照轧制变形坯料的要求将其机加工为长方体坯料。

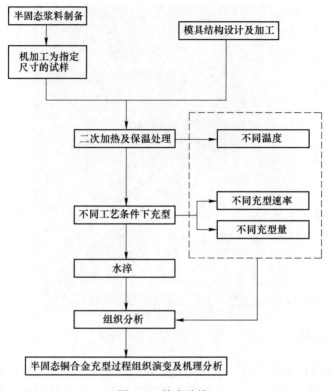

图 6.3　技术路线

（2）轧制变形。将加工好的坯料在室温下采用两辊轧机轧制变形。首先轧制一个面，然后沿棒料长度方向翻转 90°轧制第二道次，采用两道次压下量之和计算轧制变形量。轧制完成后观察坯料表面是否平整光滑，有无裂纹或者开裂等现象，选择轧制后没有发生弯曲和断裂开口的预变形坯料作为下一步的重熔试样。

6.1.3.2　重熔处理实验

重熔工艺是 SIMA 法中的关键环节，经过预变形后破碎的枝晶只有经过重熔处理后才会逐渐球化成为球状颗粒组织，即得到半固态组织。半固态组织和重熔工艺参数有较大关系。重熔实验设备为工频感应电炉，首先将感应电炉设置到一定的温度并进行升温，等待感应电炉温度稳定后，将试样放入炉膛中。为了避免保温后直接夹取试样使试样发生液-固分离和变形，将试样放在耐火砖上，避免试样坍塌，再夹持耐火砖放入炉膛，快速关闭炉门并开始计时，进入保温阶段。在保温时间达到后，用钳子将耐火砖和试样一起夹出，进行快速水淬，获得半固态坯料。

将冷却后的半固态坯料去除氧化皮，线切割为一定尺寸的试样，然后对表面进行精磨，这个尺寸的确定是由充型模具的横向型腔决定的。为使试样在模具中装卡方便，适当进行倒圆角。加工好的充型试样如图 6.4 所示。

图 6.4　充型试样

6.1.3.3　模拟充型实验

模拟充型实验是在 Gleeble-1500 热/力模拟试验机上进行的，该 Gleeble-1500 热/力模拟试验机是美国 DSI 公司研制的模拟试验设备，不仅可以研究金属材料在加热、冷却及受力情况下的组织性能及其变化规律，还可以模拟热过程和力学过程。它是由计算机控制的具有快（慢）速加热、恒定保温、急（慢）速冷却并能给试样以各种速率变形（拉、压）的多功能模拟试验仪器。试验既可在真空下进行，又可以在空气中进行。

Gleeble-1500 热/力模拟试验机的实物如图 6.5 所示，它是由加热系统、加力

图 6.5　Gleeble-1500 模拟试验机

系统及计算机控制系统三大部分组成。其部件构成主要有主机（加载机架及试样夹具、真空槽、加热变压器等）、液压源及伺服装置、温度测量装置（包括热电偶及光学高温计）、试样急冷装置、程序设定发送器、自动操纵电控箱及 D/A、A/D 转换模块、计算机、数据采集和瞬时记忆系统等。

实验采用触变成形工艺，即先制备好半固态坯料，设计出切实可行的模具结构，然后根据模具的尺寸大小进行试样切割，把试样装在模具中后进行热/力模拟试验机上的模拟铸造充型试验。试验前对模具和试样进行二次加热和保温处理，目的是使半固态铜合金试样再次恢复到具有一定液相体积分数和一定大小的晶粒尺寸的半固态组织，然后进行不同参数条件下的模拟充型实验。

整个过程涉及的参数包括充型温度、保温时间、充型速率、充型量。其中，充型温度是指二次加热所到达的温度，到达温度后进行一定时间的保温；充型速率是指充型过程中和 Gleeble-1500 热/力模拟试验机相连的冲头的移动速率；充型量是指冲头前进的位移量。充型结束后进行快速水淬，以保留变形后的半固态组织。通过调整不同的充型工艺参数，分析不同充型条件下的半固态铜合金的组织演变和充型行为。

二次加热是使具有非枝晶组织结构的合金重新处于液-固相线温度区间，获得具有触变性的半固态组织，以便进行半固态成形加工。通过控制重熔温度和保温时间，可以得到不同液相体积分数、晶粒尺寸和分布形态的半固态组织。二次加热包括升温和保温两道工序，准确掌握合金的重熔温度、保温时间是二次加热技术成功的关键。

半固态 ZCuSn10 铜合金的固-液温度区间为 $830.7 \sim 1020.4℃$，实验中选取 $910℃$、$930℃$、$950℃$ 作为二次加热温度。二次加热过程中一个较为重要的参数是升温速率，实验中升温采用二级升温，即先进行快速加热，接近预定温度以下再以较小的速率升温达到预设温度，这样做的目的是避免升温的惯性。具体方法是先从室温以 $10℃/s$ 加热到预定温度下 $50℃$，然后以 $2℃/s$ 加热至预定温度。

加热完成后进行保温处理，加热温度和保温时间共同决定了半固态铜合金组织的液相体积分数、晶粒分布状态和尺寸大小。保温时间的选择应考虑到试样和模具的大小，主要是为了使整个模具和试样的温度分布均匀，一般不宜过长或过短，保温时间过长会导致液相体积分数太高，导致充型过程产生飞溅，保温时间过短会导致模具受热不均，使得试样半固态组织分布不均匀，一般保温时间为 $20 \sim 60s$。

二次加热工艺如图 6.6 所示，其中 T_2 为预设温度、T_1 为预设温度以下 $50℃$。

二次加热完成后，得到了不同液相体积分数、晶粒尺寸和分布形态的半固态铜合金组织，满足充型要求便可进行充型试验。冲头装卡在热/力模拟试验机的

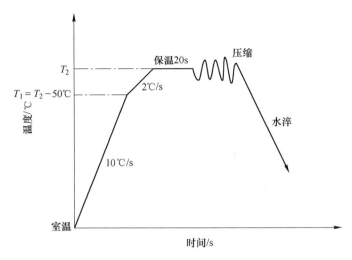

图 6.6　二次加热工艺

一端，通过高速伺服阀控制液压驱动系统精确控制，如图 6.7 所示。充型过程始终采用惰性气体保护，防止高温环境下发生氧化。

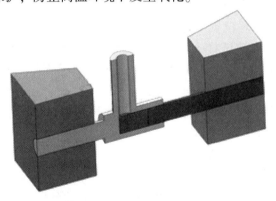

图 6.7　充型模具装卡示意图

　　为了探索不同充型条件对充型实验的影响，设定不同的参数并进行编程，输入计算机中并运行。在同一充型温度和充型量下，进行不同充型速率的充型试验，考察充型快慢对充型行为的影响；在同一充型温度和充型速率下，进行不同充型量的充型试验，考察在试样充型不同阶段的充型行为，分析其演变过程；在同一充型速率和充型量下，进行不同充型温度的充型试验，研究充型前的半固态组织形态对充型过程的影响。

　　充型结束后，立马进行水淬。通过以上不同参数的试验，分析不同参数对充型行为的影响规律和固-液相协同流动的机制并找出固-液协同流动的判据。

6.1.3.4　半固态组织表征

A　取样位置及金相组织分析

半固态组织是同时含有固-液两相的组织，充型过程中固-液两相在力的作用下发生了不同的流动和变形，充型结束后的水淬保留了变形后的组织。为了研究不同充型工艺参数对充型过程的影响，对充型后的试样进行组织分析。

首先将充型结束后经过水淬的试样进行剖面的线切割，制备金相试样，经腐蚀后在光学显微镜下获得半固态金相组织，金相照片的拍摄获取采用两种方式：一种是沿着该试样压缩的路径进行连拍，然后用 Photoshop 等图像分析软件进行拼图，获得沿充型流动路径上的金相组织，观察其变化趋势。每个试样都选取 4 个相同的部位进行金相观测，即试样充型后垂直流出的前端部分（见图 6.8 位置 1），从冲头一侧到模具垂直内壁试样上方横向位置、中部横向位置和下侧横向位置（见图 6.8 位置 2~ 位置 4）。另一种是在特殊区域获取不同倍数的金相照片，可以选取不同试样的同一位置进行对比，分析不同参数对充型行为的影响。

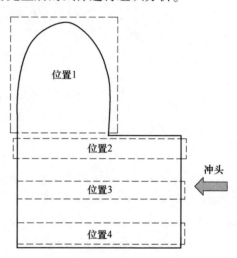

图 6.8　充型后试样组织分析位置

B　电子背散射衍射分析

半固态组织经过充型后，固相晶粒相互黏结发生了挤压和变形，大部分固相晶粒的晶界消失导致金相照片无法对组织进行有效的分析，为深入分析充型后的半固态组织，采用电子背散射衍射（EBSD）技术进行组织分析。

EBSD 技术在测量材料晶体学取向、微观组织结构和晶体结构方面的应用越来越多。该技术样品制备较为简单，能很快地采集数据；可全自动采集微区取向信息，在保留扫描电镜常规特点的同时进行空间分辨率亚微米级的衍射。但是，由于 EBSD 只发生在试样表面极浅表层，样品制备过程中产生的表面应力层使得难以获得有效的衍射花样，衍射花样质量的高低取决于在样品制备过程中晶体晶格上的损伤去除情况和衍射花样标定指数的可信度。试样表面的残余应变层对 EBSD 的数据采集影响较大，因为信息只发生在表面表层几十个纳米深度。一些缺陷也会影响 EBSD 的发生，甚至完全抑制，例如氧化膜和腐蚀坑等。

综上所述，EBSD 测试分析最关键的部分是高质量无应力层样品的制备。实验采用振动抛光的方法制备 EBSD 样品。首先对要分析的样品进行机械抛光，机械抛光的程度以光学显微镜放大 500 倍后看不到划痕即可；然后用丙酮对样品进行超声波清洗后，进行振动抛光，振动抛光完毕的样品放入丙酮中超声波清洗，烘干保存即可得到 ZCuSn10 锡青铜合金的 EBSD 试样。由于振动抛光有效去除了铜合金表面由于切割和机械抛磨产生的应力层，因此得到了较好的衍射花样。

EBSD 样品制备的步骤如下：

（1）预磨。用线切割切取要分析的样品，将切好的样品用金相砂纸预磨，砂纸的颗粒度从粗到细，最终在光学显微镜下 500 倍放大时看不到明显划痕即可。

（2）机械抛光。将预磨好的样品进行机械抛光，先进行粗抛，再进行细抛。机械抛光后用丙酮对样品进行超声波清洗并烘干。

（3）振动抛光。将机械抛光好的样品进行振动抛光，振动抛光液选取常规的 SiO_2，振幅为 40%~80%，载荷为 0~2 个砝码、振动时间为 8~16h；将振动抛光完毕的样品放入丙酮中并进行超声波清洗，烘干保存。

6.2　半固态铜合金模拟充型过程的组织演变规律

在 Gleeble 试验机上进行不同参数（应变速率、应变量、温度）下的压缩变形试验，是研究半固态合金变形行为经常采用的方法。首先制备出具有较好触变性能的半固态坯料，加工为具有一定规格尺寸的圆柱状试样，然后把试样装卡在 Gleeble 试验机的夹持端后进行不同温度的加热和不同时间的保温，随后进行不同应变速率和应变量的压缩试验，得到半固态合金变形过程中的应力-应变曲线等数据。

实验对铜合金在半固态温度区间进行模拟充型，和以往大多数对于半固态材料的压缩变形实验相比较，该实验的主要区别在于试样在压缩过程中的约束条件。常见的研究方法采用单向压缩，即试样只受到两头的单向压力，而其他方向处于自由状态，故当受到力的作用时，试样中部产生鼓肚变形。实验采取模拟实际铸造充型过程，首先设计出一套与实际充型过程相似的模具，目的是尽量接近实际充型过程中坯料的流动状态，再把半固态试样放置在模具型腔中，探索不同充型温度、充型速率、充型量对半固态铜合金充型过程的影响，包括组织的流动演变观察和变形行为分析。

6.2.1　半固态铜合金充型的初始组织

进行模拟充型实验前，试样需进行二次加热。这样做的目的是使具有非枝晶结构的铜合金组织重新处于液-固相线温度区间，以便进行随后的半固态充型实验。通过控制二次加热的温度和保温时间，可制备出具有不同液相体积分数和触变性的坯料。此处的二次加热温度即为充型温度，充型时采取等温充型。

图 6.9 所示为充型模拟前试样的纵向剖面金相组织，即试样加热到设定温度并保温后直接进行水淬得到。通过图像分析软件计算得到此时半固态的液相率为 87.5%，属于高固相率的半固态浆料，半固态组织球化基本达到要求，但还可以改变二次加热的温度和保温时间，得到不同液相体积分数和球化程度的半固态组织，以满足不同的触变充型要求。

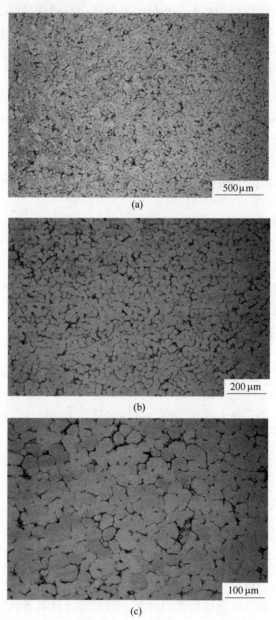

(a)

(b)

(c)

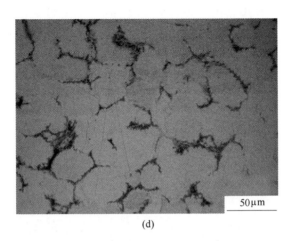

(d)

图 6.9 模拟充型实验初始半固态铜合金组织

6.2.2 充型量对半固态铜合金组织演变的影响

图 6.10 是在温度为 950℃、充型速率为 5mm/s、充型量为 3mm 条件下，半固态铜合金充型后的试样宏观形貌，图中所标注的 4 个区域为下文中的金相取样位置。

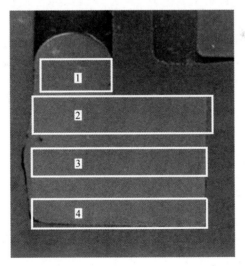

图 6.10 温度为 950℃、充型速率为 5mm/s、充型量为 3mm 时试样宏观形貌

图 6.11 是在温度为 950℃、充型速率为 5mm/s、充型量为 3mm 条件下，半固态铜合金充型后试样位置 1 处的金相组织。由于充型量较小，只有 3mm，处于充型的前期，固相颗粒的轮廓基本没变，如图 6.11（a）中虚线所示，基本保持

为一条直线。试样依然保持着放置在型腔时的位置，即试样在充型的前期，固相颗粒形成的骨架基本保持不变，固相颗粒之间的液相由于充型流动阻力较小，率先流动到试样的前端部分，冷却后形成枝晶组织，如图 6.11（d）所示。固相颗粒整体骨架保持不变，直至在接近固-液分界线的地方有一个明显的缺口（见图

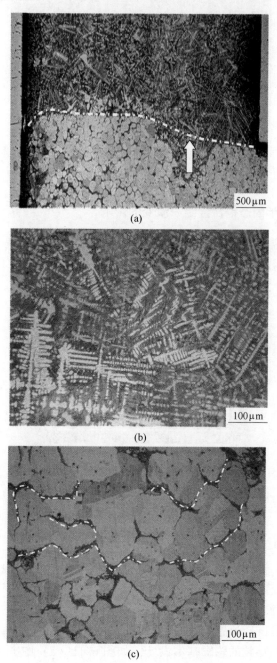

(a)

(b)

(c)

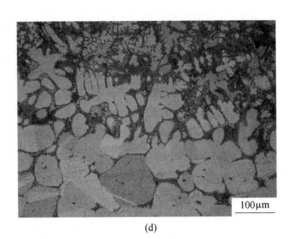

(d)

图 6.11　温度为 950℃、充型速率为 5mm/s、充型量为 3mm 时试样位置 1 处的金相组织

6.11（a）中箭头方向），这是固相骨架中的液相在受到充型力作用下流动的出口。前端接触型腔部分的液相由于受到较强的激冷作用而形成大枝晶，如图 6.11（b）所示。图 6.11（c）为图 6.11（a）左下角处的金相组织，可见该位置出现了液相流动的通道，液相从冲头一端不断流动到此处，形成明显聚集区域，把此处的固相组织划分为层状。

图 6.12 是在温度为 950℃、充型速率为 5mm/s，充型量为 3mm 条件下，半固态铜合金充型后试样位置 2 处的金相组织。可以明显发现，从右到左即从靠近冲头一侧到远离冲头一侧，充型后试样液相逐渐增多，靠近冲头一侧的试样在受到冲头较大压力的作用下，流动阻力较小的液相比固相流动快，朝着冲头前进的方向流动，并在流动过程中不断汇集液相，使得产生出明显的液相通道，尤其在靠近垂直型腔壁一侧（见图 6.12（b）），固相颗粒间有明显的液相通道出现，然后液相流出固相的骨架区域，在前端形成液相的聚集区，固-液相发生明显分离。

在充型过程中，由于坯料和模具之间存在较大摩擦，故压力的分布受到影响，越远离冲头的部分，所受到的压力越小，而越靠近冲头的部分则会受到越大的压力，这可以从金相组织中观察到，如图 6.12（d）所示，靠近冲头一侧的晶粒变形严重，由于液相被挤到充型方向前端，缺少了液相润滑的固相颗粒的变形基本是靠固相颗粒间的相对滑动机制和塑性变形机制，因此固相颗粒变形严重，有的晶界模糊或消失（见图 6.12（g））。随着远离冲头程度的增加，由于摩擦导致的压力损失使得坯料受到的压力小于靠近冲头部分的坯料，而且液相的润滑作用使得颗粒的变形相对较小，颗粒只是由于受到液相通道的分离而变成层带状或波浪状。而在靠近垂直型腔壁的地方，由于受到撞击的作用，颗粒变形又会有所增加，导致晶界模糊或消失。

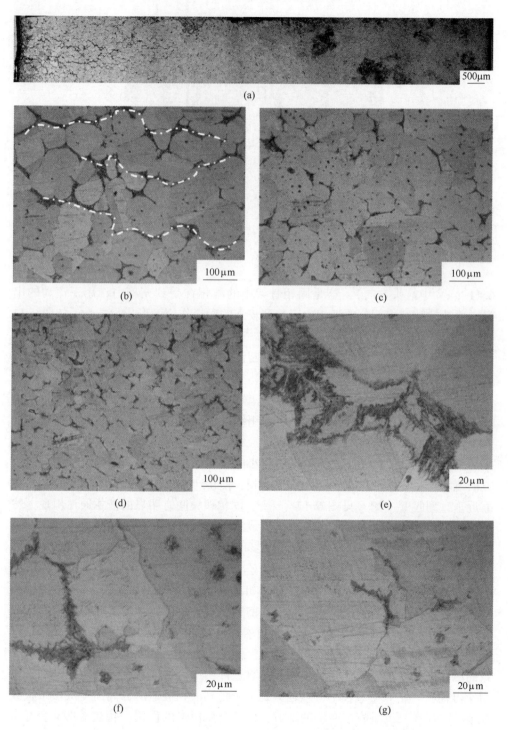

图 6.12   温度为 950℃ 、充型速率为 5mm/s 、充型量为 3mm 时试样位置 2 处的金相组织

图 6.13 是在温度为 950℃、充型速率为 5mm/s、充型量为 3mm 条件下，半固态铜合金充型后试样位置 3 和位置 4 处的金相组织，图 6.13（a）~（c）分别为图 6.13（d）从左到右 3 个位置的金相组织，图 6.13（f）~（h）分别为图 6.13（e）从左到右 3 个位置的金相组织。这两部分的组织分布大致一致，在靠近冲头一侧的晶粒由于受到直接的压力作用而产生较大的变形，和模具型腔底部接触的晶粒由于摩擦力的作用使得受到较大的变形，在接近模具垂直型腔壁处的晶粒由

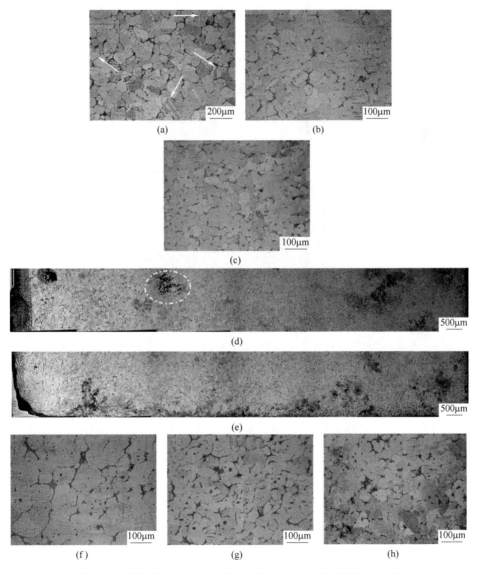

图 6.13 温度为 950℃、充型速率为 5mm/s、充型量为 3mm 时
试样位置 3 和位置 4 处的金相组织

于受到撞击作用，也使得变形增加，在这 3 个区域都可以从金相组织中观察到形变孪晶的存在，如图 6.13（a）箭头所示。由于处在充型的初始阶段，固相骨架中的液相残余还较多，某些液相在流动的过程中不断汇集产生的液相池被固相颗粒切断，出现了被堵住的情况，最终残余下来（见图 6.13（d）圆圈）。

图 6.14 是在温度为 950℃、充型速率为 5mm/s、充型量为 6mm 条件下，半固态铜合金充型后的试样宏观形貌，图中所标注的 4 个区域为下文中的金相取样位置。可以从宏观上看出来该试样的前端出现了孔洞，这是由于前端的材料不致密，导致在金相制备过程中产生。

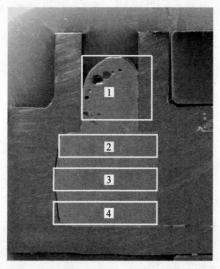

图 6.14　温度为 950℃、充型速率为 5mm/s、充型量为 6mm 时的试样宏观形貌

图 6.15 是在温度为 950℃、充型速率为 5mm/s、充型量为 6mm 条件下，半固态铜合金充型后试样位置 1 处的金相组织。总体来说，试样前端固-液相发生了明显的分离，有较为明显的固-液分界线（见图 6.15（a））。在试样前端的左下侧，有很多明显的液相通道（见图 6.15（c）），液相通道起源于固相的集中区域，这主要是由于固相颗粒在充型流动过程中相互之间的摩擦力较大，而液相的充型流动摩擦力则较小，液相从原始的半固态组织中的固相颗粒间逐渐汇合为一股股液相的"河流"，此时更多的液相沿着这些通道向前流动，使得固-液相分离严重。其次还可以看出试样前端出现了明显的孔洞，这有两方面的原因，一方面是因为液相的集中区域导致的缩孔缩松，另一方面是由于在金相制备过程中脱落，其本质上也是由于液相的集中使得该区域材料的致密度下降。

在试样前端的右下部分，即模具的内侧拐角处（见图 6.15（d）），固相的集中导致出现了成片的固相粘连区域，但由于模具垂直拐角的存在，使得坯料在充型到此处时受到了强烈的剪切作用，晶粒变形严重，可从金相中看到一些孪晶的出现，受到"撕裂"后的团块状晶粒悬浮于液相中。虽然试样前端总体来说固-液相分离，但是在局部区域有固-液相相对协同的区域，如图6.15（b）所示。

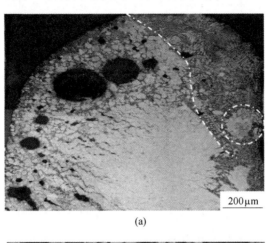

(a)

(b)

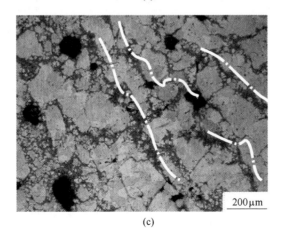

(c)

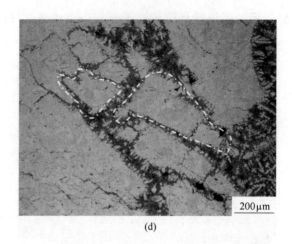

(d)

图 6.15　温度为 950℃、充型速率为 5mm/s、充型量为 6mm 时试样位置 1 处的金相组织

　　图 6.16 是在温度为 950℃、充型速率为 5mm/s、充型量为 6mm 条件下，半固态铜合金充型后试样位置 2 处的金相组织。充型 6mm，充型量为试样的 40%，液相基本全部向前端流动，残余在固相颗粒间的液相基本没有，固相颗粒粘连程度较大，少部分液相由于在固相的粘连包围下形成封闭的液相池，有的液相通道也被固相颗粒切断，在固相中形成了"残留通道"，如图 6.16（d）右侧虚线框所示。在靠近模具拐弯的地方，可以发现有明显的流线（见图 6.16（d）），即前面所述的液相通道，该通道能大致反映出坯料充型流动的路径方向，这个流动方向主要是受模具的结构影响，由于模具的垂直拐弯，使坯料流经此处时发生了较为强烈的转向流动，液相率先流出试样前端后，剩余的固相颗粒充型流动较为缓慢、困难，同时固相颗粒和模具之间的摩擦，以及固相颗粒之间的摩擦，使固相颗粒在此处受到了很大的剪切变形，可以从金相照片中看到此处的晶粒有的被拉长，有的发生破碎之后变小又被挤压到一起后晶界消失，使之后的变形变得困难。

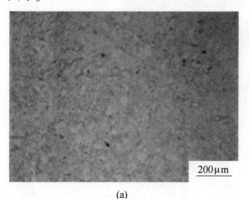

(a)

(b)

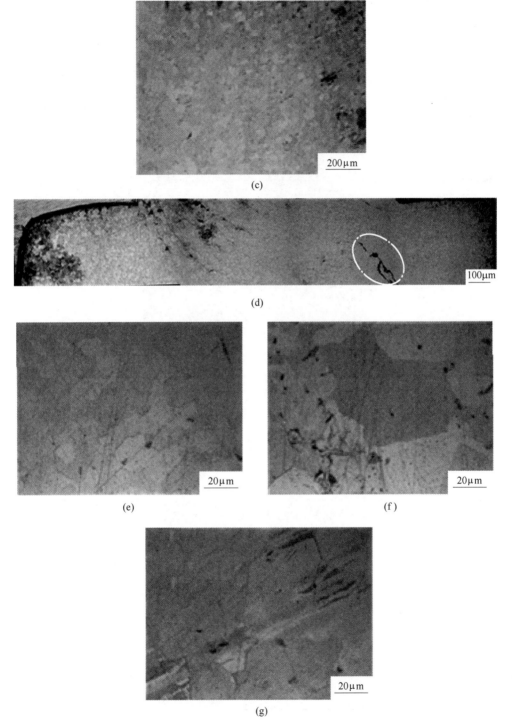

图 6.16 温度为 950℃、充型速率为 5mm/s、充型量为 6mm 时试样位置 2 处的金相组织

图 6.17 是在温度为 950℃、充型速率为 5mm/s、充型量为 6mm 时试样位置 3 和位置 4 处的金相组织。

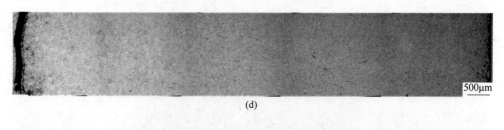

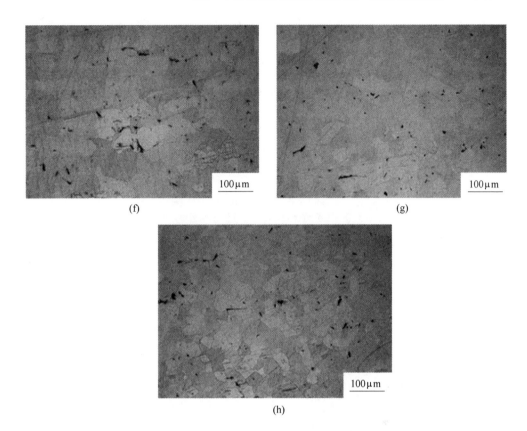

图 6.17 温度为 950℃、充型速率为 5mm/s、充型量为 6mm 时试样位置 3 和位置 4 处的金相组织

综上所述，在温度为 950℃、充型速率为 5mm/s 条件下，随着充型量由 3mm 增加到 6mm，即充型过程不断进行，试样的组织发生不断演变。充型初期，试样的固相骨架基本保持不变，由于液相的流动阻力较小，固相骨架间的液相不断向着冲头移动的方向流动，液相在流动的过程中不断汇集在一起，慢慢形成较大的液相通道，液相通道的产生对固相颗粒的形态及流动会有影响，具体表现为液相把固相颗粒划分为层状或波浪状。反之，固相的充型流动也会影响着液相，如固相颗粒阻塞了液相通道，使得部分液相池会残留在固相中。固相颗粒的充型流动较为缓慢，主要是由于固相颗粒间的摩擦较大，固相颗粒和模具型腔壁之间的摩擦也会很大程度上影响坯料的整体充型流动和晶粒的变形程度。充型初期的固相颗粒间还残留着液相，其分布情况不同，靠近冲头一侧较少，远离冲头一侧相对较多。随着充型量的增加，固、液相的分布和充型流动发生了明显的变化，主要表现为液相完全和固相分离，试样下端部分基本全为粘连在一起的固相，晶界模糊或者消失。少部分液相由于在固相的粘连包围下形成封闭的液相池，有的液相

通道也被固相颗粒切断，在固相中形成了"残留通道"。另外，由于充型程度的增加，前期所形成的层状液相通道基本消失，取而代之的是流线，即固相颗粒在充型过程中形成的能反映充型流动过程的路径。

6.2.3   充型温度对半固态铜合金组织演变的影响

图 6.18 所示为在温度为 910℃、充型速率为 5mm/s、充型量为 6mm 条件下，半固态铜合金充型后的试样宏观形貌，图中所标注的 4 个区域为下文中的金相取样位置示意图。充型试样前端出现了孔洞，并且充型前端不是凸缘形，轮廓线有些粗糙。

图 6.18   温度为 910℃、充型速率为 5mm/s、充型量为 6mm 时的试样宏观形貌

图 6.19 所示为在温度为 910℃、充型速率为 5mm/s、充型量为 6mm 条件下，半固态铜合金充型后试样位置 1 处的金相组织。可以观察到在充型流动过程中，由于受到固-液流动的作用，试样的前端出现了小岛状的游离固相颗粒团，这些固相颗粒团明显是从图 6.19 (a) 下端的固相主体结构中冲出，可以明显看到有较大的液相通道 (见图 6.19 (c))，部分液相较为集中的区域出现了孔洞。最前端的那部分岛状固相颗粒团的前沿轮廓仍然大致保持为一条线 (见图 6.19 (b) 虚线)，这是试样固相骨架的轮廓线。

由于在充型前期固相颗粒组成的骨架流动缓慢，流动较快的液相率先向前流动，在充型 6mm 时，固相的颗粒骨架被破坏，固相颗粒粘连形成的大片状组织被撕裂，以此调整来满足大变形，试样前端由于有较多的液相集中，在液相的协调变形下，脱离了原先固相粘连组织的游离组织被冲刷到试样的前端。在模具拐角的内侧，即图 6.19 (a) 的右下侧，半固态坯料在此处受到较大的剪切力作用，使晶粒发生了较大变形和细化（见图6.19（d））。

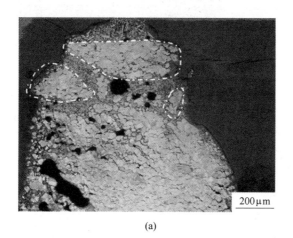

(a)

(b)

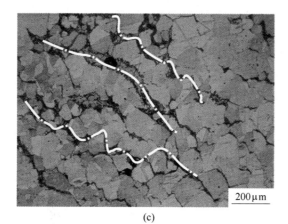

(c)

(d)

图 6.19　温度为 910℃、充型速率为 5mm/s、充型量为 6mm 时试样位置 1 处的金相组织

　　图 6.20 所示为在温度为 910℃、充型速率为 5mm/s，充型量为 6mm 条件下，半固态铜合金充型后试样位置 2 和位置 3 处的金相组织。图 6.20（a）~（c）分别为图 6.20（d）从左到右 3 个位置的金相组织，图 6.20（f）~（h）分别为图 6.20（e）从左到右 3 个位置的金相组织。这两个位置都处在模具的横向型腔内，可以看到无论是靠近模具上侧的位置 2 还是中部的位置 3，都是固相相互粘连的组织，液相已经分离到前端的部分，在位置 2 拐角处可以看到明显的液相通道（见图 6.20（d）箭头）。该液相通道较小，是由于充型量的增加，使得通道中的液相也被充型力挤压到前端，固相颗粒由于没有液相的润滑调节作用，颗粒之间发生了相互转动，甚至是发生了颗粒的塑性变形，使颗粒变形严重，晶界模糊或消失，如图 6.20（a）~（c）和图 6.20（e）~（f）所示。

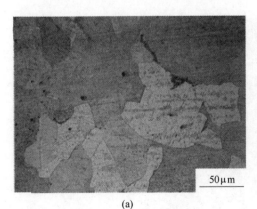

(a)

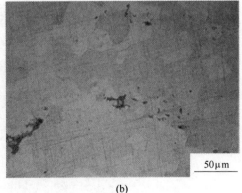

(b)

(c)

(d)

(e)

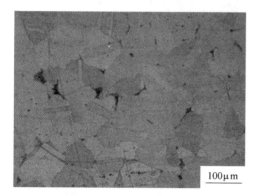

(f)

(g)

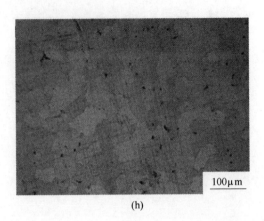

(h)

图 6.20   温度为 910℃、充型速率为 5mm/s、充型量为 6mm
时试样位置 2 和位置 3 处的金相组织

图 6.21 是在温度为 930℃、充型速率为 5mm/s、充型量为 6mm 条件下，半固态铜合金充型后的试样宏观形貌，图中所标注的 4 个区域为下文中的金相取样位置示意图。充型试样宏观形貌较为致密，前端为凸缘状。

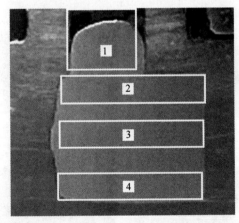

图 6.21   温度为 930℃、充型速率为 5mm/s、充型量为 6mm 时试样宏观形貌

图 6.22 是在温度为 930℃、充型速率为 5mm/s、充型量为 6mm 条件下，半固态铜合金充型后试样位置 1 处的金相组织。从金相组织中可见，固、液相发生了分离，固相颗粒有一条较为明显的轮廓线（见图 6.22（a））。这是由于坯料在充型过程中遇到模具内侧的拐角后流向发生了改变，在靠近模具的附近，由于在较高的温度下试样整体的液相量有所增加，前期充型过程中液相在受到压力的作用下流动到垂直型腔壁处汇集，当进一步充型时，此处汇集的液相调节了固相颗粒的变形，充型前期基本保持不变的固相骨架在此时被打破，被液相冲刷开形成

了一个缺口（见图6.22（b）），部分固相颗粒团被冲刷到前端的液相集中区域呈游离态。

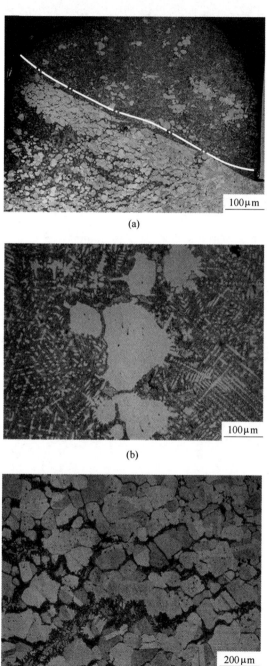

(a)

(b)

(c)

(d)

图 6.22　温度为 930℃、充型速率为 5mm/s、充型量为 6mm 时试样位置 1 处的金相组织

　　图 6.23 是在温度为 930℃、充型速率为 5mm/s、充型量为 6mm 条件下，半固态铜合金充型后试样位置 2 处的金相组织。图 6.23（a）~（c）分别为图 6.23（d）从左到右 3 个位置的金相组织。如图 6.23（d）所示，充型后的试样位置 1

(a)

(b)

(c)

500μm

(d)

图6.23 温度为930℃、充型速率为5mm/s、充型量为6mm时试样位置2处的金相组织

左端区域有大量的液相，这是由于930℃保温下产生了更多的液相，而且在充型过程中由于冲头的作用，大量的液相在此汇集，有利于在随后的充型过程中调节固相颗粒的变形。

图6.24是在温度为930℃、充型速率为5mm/s、充型量为6mm条件下，半固态铜合金充型后试样位置3和位置4处的金相组织。图6.24（a）~（c）分别为图6.24（d）从左到右3个位置的金相组织，图6.24（f）~（h）分别为图6.24（e）从左到右3个位置的金相组织。充型试样的固相颗粒在缺少了液相后，协调

100μm

(a)

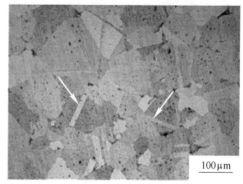

100μm

(b)

100μm

(c)

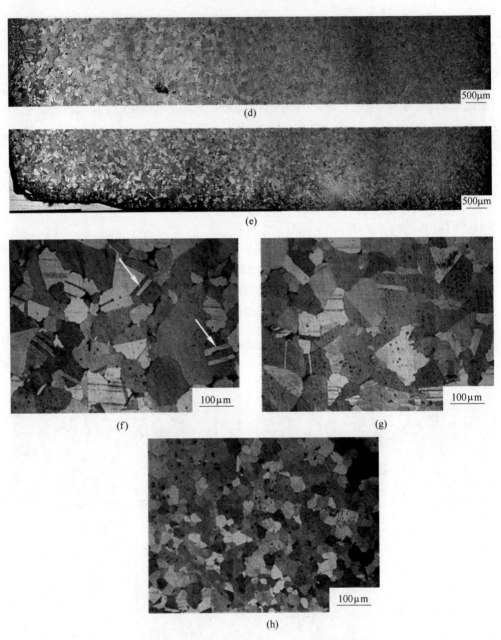

图 6.24　温度为 930℃、充型速率为 5mm/s、充型量为 6mm
时试样位置 3 和位置 4 处的金相组织

变形能力较差，固相颗粒的变形靠的是塑性变形机制，颗粒变形严重，晶界模糊或消失，产生了大量的孪晶（见图 6.24（b）和（f）箭头）。此外，还出现了一些细小的等轴晶，尤其在和模具接触的部位，如图 6.24（a）箭头所示。

综上所述，在充型 6mm 时，充型量达到了试样的 40%，即充型已进行到一定程度，由于固、液两相不同的流动状态使得此时已经出现了较为明显的固-液分离现象，无论是在 910℃还是在 930℃，都可以看到试样的前端集中了大量的液相，横向型腔内的固相颗粒由于没有更多液相的润滑调节作用，发生了严重的粘连，大多看不清晶界，晶粒变形严重。但是在不同的充型温度下，坯料的组织呈现出不同的组织。随着温度升高，试样的液相明显增加，这对于充型有一定的影响。在 910℃下，由于温度较低，液相相对较少，使得试样在充型的前端出现了被撕裂的固相组织，且经过前期的充型后，液相已经发生了明显分离，固相颗粒相互粘连在一起，其变形难以进行，为了实现 40%的充型量，大团状的固相颗粒被撕裂，形成小的团块状漂浮在液相中。而当温度升高时，因为液相增加，在充型过程中液相调节固相颗粒变形的程度增加，所以在其他条件相同时，此时在同一位置没有像 910℃试样那样出现了团块状固相的撕裂，而是在液相的调节下，固相颗粒平稳地充型到试样前端。

6.2.4　充型速率对半固态铜合金组织演变的影响

图 6.25 是试样在充型温度为 910℃、充型量为 6mm 时，不同充型速率下模拟充型后的试样宏观形貌。可以看出，试样的宏观形貌有明显区别，在低应变速率（见图 6.25（a））下，试样压缩后宏观上较为致密、无缺陷；随着变形速率的增加，试样充型后的宏观形貌变差，出现细小的孔洞，缺陷相对于低应变速率下有所增多（见图 6.25（b））；当充型速率进一步增加时（见图 6.25（c）），宏观上出现了较为明显的长缝状缺陷。

(a)　　　　　　　　　　(b)　　　　　　　　　　(c)

图 6.25　不同速率下模拟充型后铜合金试样宏观形貌

　　在充型温度为 910℃、充型速率为 0.5mm/s、充型量为 6mm 时，充型试样前端的金相组织如图 6.26 所示。由图 6.26（a）可知，试样充型之后，试样前端呈凸缘形，试样横截面致密、无缺陷；但由图 6.26（b）可知，试样前端呈凸缘形，宏观上致密无缺陷，但出现严重的固-液分离现象，液相被挤压到试样的最前端，下部基本为固相晶粒，而中间存在一个过渡区域，该区域中晶粒以大块状

(a)

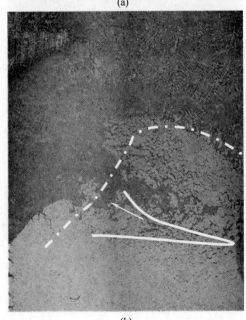

(b)

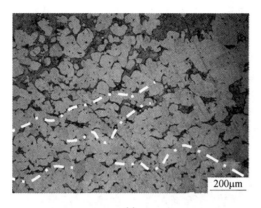

(c)

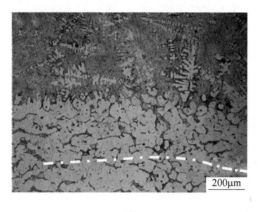

(d)

图 6.26 温度为 910℃、充型速率为 0.5mm/s、充型量为 6mm 时充型试样前端的金相组织

聚集在一起，类似鱼鳞状，有一定的层次。由图 6.26 (b) (d) 可以看出，在试样前端有明显的固-液相分界线，这是由于摩擦力相对较小的液相在压力的作用下流向前端自由区域，而固相则由于相互之间的摩擦较大，使得流动较慢，滞后于液相。半固态的原始组织在受到压力的作用后，液相率先流动，且液相相互连接，在局部汇聚成若干"通道"（见图 6.26 (c) 虚线），小的"通道"又汇聚成较大的"通道"，液相撕裂开固相组织形成较为明显的坡口（见图 6.26 (b) 实线），并流向前端压力较小的自由区，液相在快速水淬后激冷形成粗大枝晶。

由图 6.27 (e) 可知，位置 2 从左到右的金相组织基本为固相，液相被挤压到试样的前端，只有部分区域残留一点点液相，且晶粒之间挤压比较严重，晶界模糊（见图 6.27 (b) (c) (d)）。这是由于在较低的充型速率下，液相有充足的时间向前端流动，且流动较为均匀，充型后试样下端 3 个区域中均残留较少液相，且难以看出液相的流动通道。位置 3 和位置 4 也有和位置 2 类似的情况，如

图 6.27（f）和（g）所示。图 6.27（c）和（d）与图 6.27（a）组织结构基本相同，其中图 6.27（d）为与模具接触区域，液相相对较多一些。由图 6.27（a）中位置 2 至位置 4 的完整金相组织分别如图 6.27（e）~（g）所示，其晶粒变化基本相同，都是固相晶粒为主，液-固不协调变形现象非常显著。

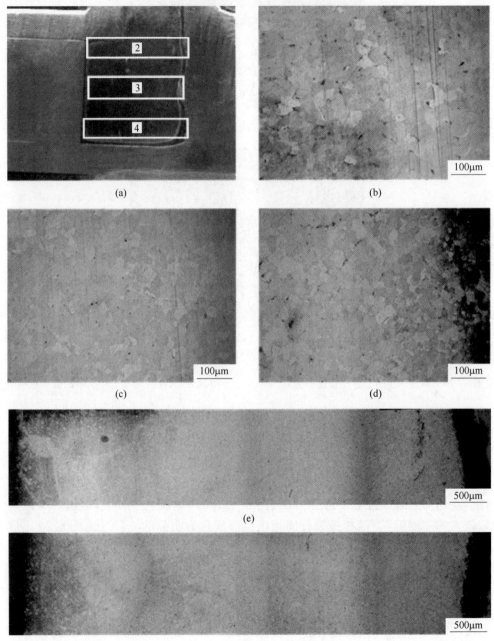

(g)

图 6.27 温度为 910℃、充型速率为 0.5mm/s、充型量为 6mm 时充型试样下端的金相组织

充型温度为 910℃、充型速率为 5mm/s、充型量为 6mm 时试样前端的金相组织如图 6.28 所示。试样压缩后宏观结构如图 6.27（a）所示，该变形条件下的试样压缩后与图 6.27（a）不同，试样变形前端紧贴模具。由图 6.28（b）~（g）

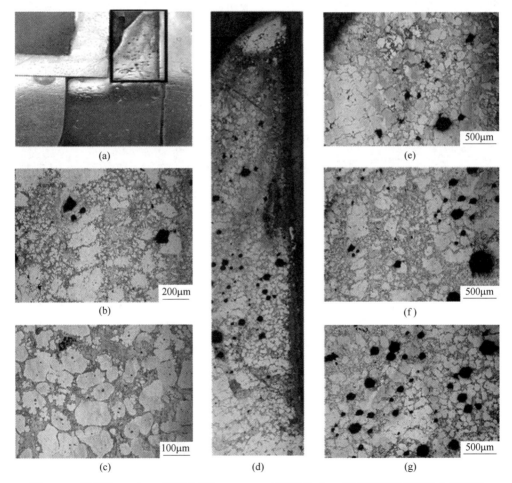

图 6.28 温度为 910℃、充型速率为 5mm/s、充型量为 6mm 时充型试样前端的金相组织

所示的金相组织可知，该试样充型后前端液-固协同性较好，没有明显的液-固分离现象，固相晶粒部分团聚在一起，大致均匀地分布在液相中。但前端组织整体致密性不好，出现了孔洞，且宏观上就可以看出，这是由于部分区域液相过于集中而导致出现了缩孔，而固相颗粒在快速变形过程中未来得及补缩液相留下的孔洞，针对局部一些较圆的孔洞，有可能是合金在熔炼过程中产生的气体未排出而导致。对比图 6.28 与图 6.26 可知，在充型速率较高的条件下试样的前端液-固两相协同变形较好，这主要是因为在高充型速率条件下，液相来不及流向阻力最小的区域，从而使其与固相颗粒一起协同变形。

如图 6.29 所示，总的来说试样的下端固相依旧较多，但是在提高了充型速率后，位置 2 至位置 4 几个区域的金相组织相对于 0.5mm/s 充型速率的试样有所不同，表现为残留液相增多，这主要是由于充型速率的增大使得液相的流动变得缓慢，固-液两相的流动速率差减小，固-液协同性有所增加，固相夹裹着液相流动。但由于液相的流动阻力远大于固相，还是可以看出固相的流动滞后于液相。由图 6.29（e）可以看出，沿着试样的充型流动方向，液相有所增加，可以大致分为 3 个区域，靠近冲头一侧的液相比固相更快地流向远离冲头一侧。从图 6.29（d）右侧中虚线可以明显看到液相最终汇聚成的通道，液相沿着通道向前端流出，在前端形成固-液大致协同流动的区域。

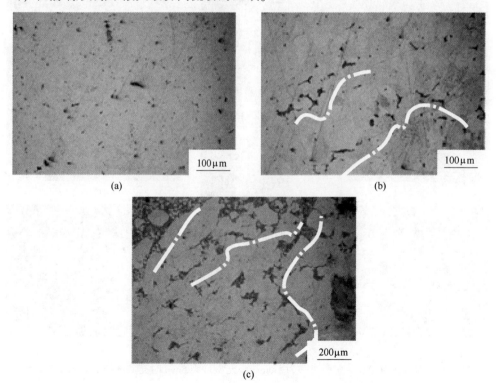

(a)　　　　　　　　　　　　(b)

(c)

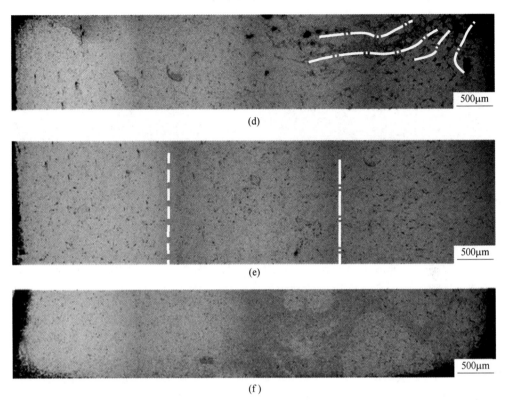

(d)

(e)

(f)

图6.29　温度为910℃、充型速率为5mm/s、充型量为6mm时充型试样下端的金相组织

如图6.30所示，在该速率下压缩充型后，试样的宏观形貌出现了较为明显的裂缝状缺陷，裂缝状缺陷的方向大致是半固态流动时液相通道的流向，这是由

(a)

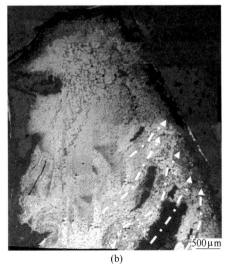

(b)

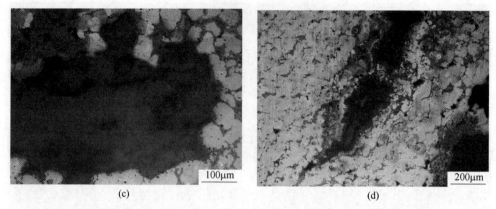

图 6.30   温度为 910℃、充型速率为 50mm/s、充型量为 6mm 时充型试样前端的金相组织

于在较快的变形速率下，原始半固态组织中的液相在压力的作用下快速连接形成通道，且因压力较大，通道中的液相流速较快，固相的变形跟不上液相，致使出现了湍流，液相局部集中而导致形成缝状缺陷或孔洞。

综上可知，在温度为 910℃、充型量为 6mm 的条件下，充型速度对铜合金半固态坯料的组织演变有很大的影响，随着充型速率的增加，试样压缩后的宏观形貌变差，但固-液协同性变好。低应变速率下，液相阻力小，有充足时间先流动，造成固-液分离严重；提高应变速率有利于改善半固态组织的固-液协同性，但由于应变速率快，固相流动跟不上液相，导致缩孔的出现；较高的速率下还会有湍流的出现，造成组织不致密，这是因为充型速度较快，液相变形速率较快，液相流出的位置固相颗粒未来得及补缩，从而导致这些部位产生缩孔，缩孔位置主要分布于试样前端。试样其他部位除了以固相晶粒为主之外，还存在一些液相小熔池，这些液相由于在快速变形条件下未来得及流向试样变形前端，从而存留在固相晶粒之间。因此在压缩流动过程中适当提高变形速率，试样在半固态压缩后的组织固液分离现象减少，即固-液协同性变好。

6.3   充型条件对半固态铜合金充型行为的影响

6.3.1   充型量对半固态铜合金充型行为的影响

如图 6.31 所示，总体来看，载荷均随着位移的增加而上升，由于两个充型试样是在同一速率下完成，因此载荷-位移曲线的波动相似。当充型量较小时，随着位移的增加，载荷以恒定的速率上升。这是由于充型前期在冲头压力的作用下，液相和固相的流动不一致，液相由于受到较小的阻力而率先向前流动，随着冲头的移动,靠近冲头一侧的组织中液相逐渐减少,固相颗粒的变形缺少了液相的协调后变得很困难,冲头前进相同的位移下所需的变形力越来越大,几乎呈线性增加,说明液相较为均匀地向前流动。当充型量增加时,载荷继续上升且上升的幅度加快,这是由于液相继续往前流动,此时固相颗粒间的液相逐渐减少,使得后期的充型大多靠固相的变形来完成,而固相颗粒间的摩擦较大,充型困难,所需载荷升高。另外,由于试样的充型量增加,一部分试样流到模具的垂直型腔上端,温度有所降低,加之坯料和模具间的摩擦使后期的充型更加困难,载荷迅速升高。充型 3mm 试样的载荷-位移曲线能和充型 6mm 的前段复合,充型 9mm 试样的载荷较 3mm 和 6mm 有所降低,但载荷-位移变化的趋势相同,说明实验的可重复性好。

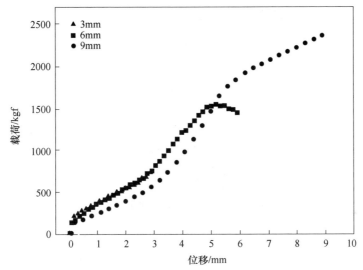

图 6.31 温度为 950℃、充型速率为 5mm/s,不同充型量下的载荷-位移曲线

(1kgf = 9.80665N)

6.3.2 充型温度对半固态铜合金充型行为的影响

如图 6.32 所示,载荷均随着位移的增加而上升,具体阶段有所不同。个别试样后期出现载荷的下降可能是由于达到充型量之前的卸载影响,而不是载荷的真正下降。

当在 910℃ 充型时,由于温度相对较低,半固态组织中的液相相对较少,使得在开始阶段载荷相对较高,主要是因为充型流动时缺少液相的协调变形。随着充型的进行,载荷均随着位移的增加而升高,但是随着充型温度的升高,载荷随位移升高的速率有所下降,主要是由于温度的升高使得半固态组织中液相含量升高,从而能够调节固相的变形,固-液协同性得到改善,有效降低了充型所需的

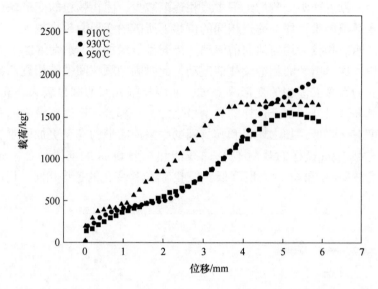

图 6.32   充型速率为 5mm/s、充型量为 6mm，不同充型温度下的载荷-位移曲线

载荷。对比不同充型温度下的载荷-位移曲线可见，温度的升高使得在同一位移下充型的载荷下降，这主要是由于温度的升高使得充型前组织中的液相分数升高，液相的增加有利于在充型过程中调节变形，起到润滑作用，因此载荷降低。

6.3.3   充型速率对半固态铜合金充型行为的影响

如图 6.33 所示，当充型速率各不相同时，半固态铜合金试样充型时载荷位

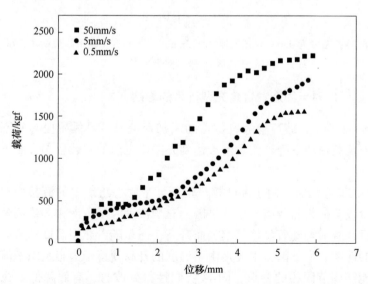

图 6.33   充型温度为 930℃、充型量为 6mm，不同充型速率下的载荷-位移曲线

移关系的变化趋势却基本相同，载荷均随着位移的增加而增加，充型速率越大，载荷越大，充型速率越小，载荷也越小。充型速率越高，液相在固相颗粒晶界间剪切流动的时间越短，液相在冲头的载荷作用下被挤到试样前端，固相晶粒间发生接触和挤压，液相和固相间的滑动及固相颗粒间的转动变得越来越困难，故载荷上升。

6.4 铸态铜合金半固态温度区间充型试验

6.4.1 铸态铜合金充型过程组织演变

如图 6.34 所示，由于铸态铜合金试样的组织为发达的一次枝晶和二次枝晶，粗大枝晶能够形成连续的网络骨架，承受应力的能力较强，且 3mm 的充型量较

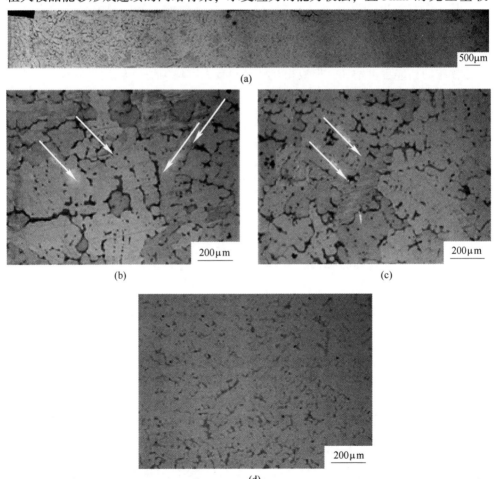

图 6.34 温度为 930℃、充型速率为 5mm/s、充型量为 3mm 时铸态试样上端的金相组织

小，因此充型后试样的固相骨架位置总体保持不变（见图 6.34（a）），但液相由于流动的阻力相对较小，液相和固相发生了分离并朝着模具的垂直型腔方向流动。

综上，含有枝晶组织的坯料充型后液相的分布和固相颗粒的变形情况与非枝晶的半固态坯料充型过程类似，都满足以下两点：（1）从靠近冲头到远离冲头，液相的含量在增加，但固相的颗粒变形程度逐渐减小。如图 6.34（d）所示，靠近冲头一端的固相颗粒由于受到冲头直接的压力作用而产生大的变形，原始的大枝晶状态不是很明显，部分晶界模糊或消失。（2）而远离冲头的一侧则基本保持为常规铸态组织的枝晶组织，如图 6.34（b）（c）中箭头所示，其液相的含量明显高于靠近冲头一侧，这是液相率先流动的结果。

如图 6.35 所示，组织的趋势和图 6.34（a）类似，组织中的大枝晶清晰可见，基本没有发生变形（见图 6.35（a））。在下侧的左端，即模具的垂直拐角处，由于试样在此处受到了相对较大的转向力，因此晶粒的变形程度稍大，一次枝晶和二次枝晶被折断形成大块状，如图 6.35（f）所示。由于充型量还较小，固相颗粒的粘连程度增加，但液相在枝晶间有大致均匀地分布。

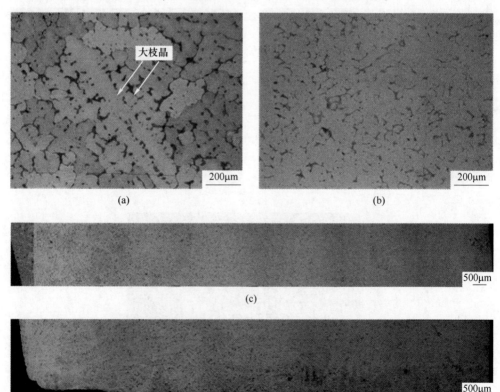

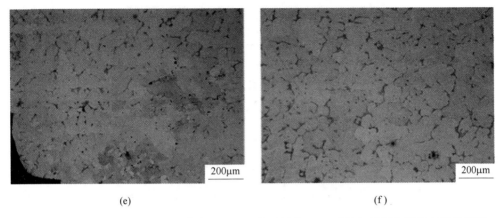

(e)　　　　　　　　　　　　　　(f)

图6.35　温度为930℃、充型速率为5mm/s、充型量为3mm时铸态试样中部和下部的组织

　　如图6.36所示，虽然充型量较图6.34增加了3mm，但可以发现试样前端流出部分增加的基本是液相，而固相颗粒由于铸态试样发达枝晶的支持作用而使整体保持不变，固-液发生了分离，且固-液界面依旧保持为一条清晰的界线（见图6.36（a）虚线），说明充型量的增加并没有使固相或者固-液相一起协同流动多少，而依旧是流动阻力较小的液相往前流动，流向如图6.36（d）所示，固-液分离程度加大，协同性更差。由于充型量有所增加，虽然铸态的枝晶臂不易变形，但还是可以看到在固-液的界面处，即液相通道的出口处，有断裂的枝晶脱离固相骨架，悬浮在液相集中区域，如图6.36（c）中虚线所示。

　　如图6.37所示，随着充型量提高到6mm，在靠近冲头一侧的组织中液相含量进一步减少（见图6.37（d）），这是因为充型的继续使得液相继续流动，领先于固相颗粒的流动，和充型3mm相比，在同一位置处液相含量明显下降。

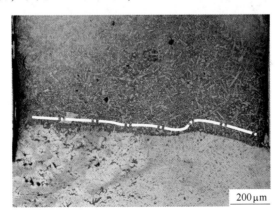

(a)

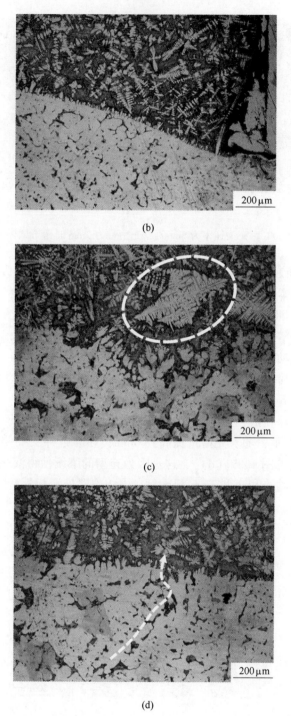

(b)

(c)

(d)

图 6.36 温度为 930℃、充型速率为 5mm/s、充型量为 6mm 时铸态试样前端的金相组织

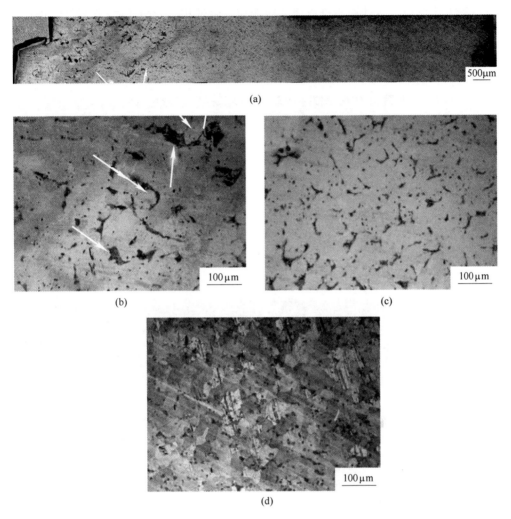

图 6.37　温度为 930℃、充型速率为 5mm/s、充型量为 6mm 时铸态试样的金相组织

　　在远离冲头的一端，即模具的垂直型腔壁附近，试样中有明显的液相较为集中的区域，即前面所述的液相通道，只不过通道的形状不一样，具体表现为：非枝晶半固态铜合金充型时此处的液相通道为长缝状，而铸态铜合金在充型后此处的通道为短条状。原因同样和铸态组织的形态有关，铸态试样的发达枝晶呈现出固态特性，受到载荷作用时难以移动来协调变形，液相难以冲刷出较长较宽的通道是受到了枝晶的阻碍，故只能在枝晶的间隙产生相对较小的通道，如图 6.37（b）所示。

　　如图 6.38 所示，在试样的中部和下部，组织和充型 3mm 时的组织类似，但组织中的液相含量有所减少，这是因为在进一步的充型过程中，液相和固相的分离继续发生，由于发达枝晶难以协调变形包裹着液相，液相在固相中的流动变得缓慢，因此加大充型量后固相中的液相减少得不是很明显（见图 6.38（a）(e)）。在靠近冲头和模具型腔壁的一侧，固相颗粒变形较大，液相较低（见图 6.38（b）(f)）。

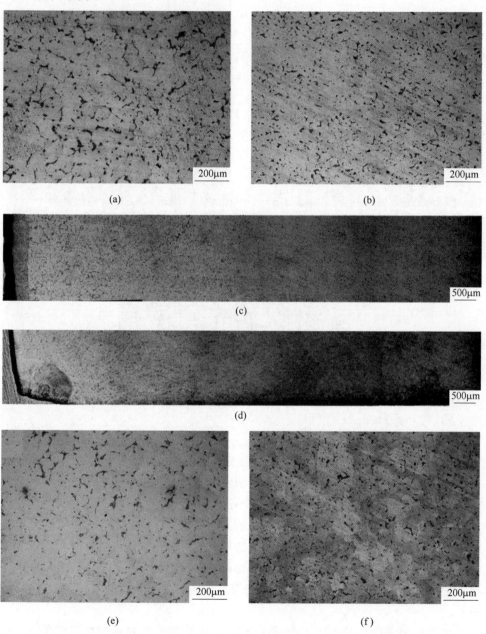

图 6.38 温度为 930℃、充型速率为 5mm/s、充型量为 6mm 时铸态试样的金相组织

总之，由于铸态铜合金的发达枝晶使其变形能力较差，充型流动过程中，随着充型量的增加，固、液分离进一步严重，液相的流动较为困难，因此充型量增加后，整体的液相下降不是很多。

由图 6.39 可知，载荷随着位移的增加而迅速增加，由于铸态组织大枝晶的骨架难以破碎，变形过程主要是液相向前流动，固相没有了液相的润滑后变形变得越来越困难，故随着位移的增加，所需的载荷几乎呈线性增加。

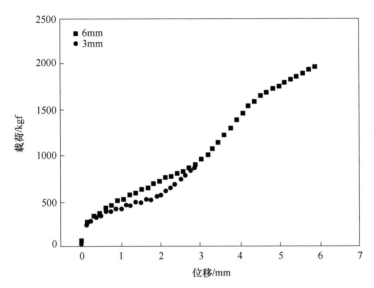

图 6.39　温度为 930℃、充型速率为 5mm/s，不同充型量下的铸态试样载荷-位移曲线

6.4.2　铸态和非枝晶组织铜合金充型过程组织演变对比

如图 6.40 所示，载荷均随着位移的增加而上升，大致分为两个阶段。在充型的前半段，铸态充型试样在相同的位移下的载荷明显高于非枝晶态的充型试样，且上升速度大于非枝晶的速度。这是因为铸态试样具有发达的枝晶，且相互连接成为网状的骨架，在受到充型载荷的作用下，枝晶具有和固态类似的性质，难以破碎，其承受载荷的能力较强。这可以从前面的金相组织中得到验证，其固相的骨架在充型前期基本保持不变，轮廓线依然为试样的尺寸。而非枝晶态的试样由于其组织为近球状的组织，液相大致均匀地把固相隔开，在受到载荷作用时，液相发挥着协调变形的作用，使得在相同位移下的载荷降低。在充型后期，无论是铸态试样还是非枝晶态的试样充型过程载荷都随着位移的增加而快速上升，这是由于固-液相的流动发生了分离，液相发生严重偏析流到试样前端，固相在试样的下端集中，固相协调变形的能力较差，需要较大的载荷来满足位移的增加。

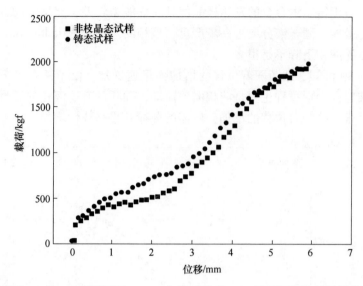

图 6.40　温度为 930℃、充型速率为 5mm/s、充型量为 6mm 时不同组织材料的载荷-位移曲线

　　可以发现，在充型后期非枝晶态试样的载荷和铸态试样的载荷相差不大，在结束充型的时候峰值载荷都相差无几，这主要是因为该次试验制备的具有非枝晶的半固态铜合金浆料的液相率较低，球化不是特别好，以至于在充型后期，为数不多的液相在载荷的作用下偏析流动到试样前端，下端的部分基本为粘连在一起的固相颗粒，而铸态试样的后期也是固-液发生了严重分离，试样下端型腔内为大片固相挤压后的组织，变形机制基本是固相颗粒的转动和塑性变形，且充型试样的前端部分在垂直型腔的前端温度有所降低，增加了充型的阻力，所以导致载荷较大。两种不同原始组织的试样在后期均出现类似的充型行为。

6.5　充型过程固液流动演变机制

6.5.1　元素偏析

　　图 6.41 所示为铸态 ZCuSn10 铜合金试样 SEM 图和元素面分布图，从图 6.41 可以看到，α(Cu) 相内部基本被 Cu 元素占据，而枝晶间隙的 Cu 元素含量则较少；从图 6.41（c）中可以看到，α(Cu) 相内部 Sn 元素含量较少，而晶界上则富集了大量的 Sn 元素。

　　图 6.42 所示为具有非枝晶球形晶粒组织的 ZCuSn10 铜合金试样 SEM 图和元素点扫描图，图 6.42（b）（c）分别为图 6.42（a）中点 1 和点 2 的点扫描结果。从图 6.42（a）中可以看到，α(Cu) 相内部基本被 Cu 元素占据，质量分数

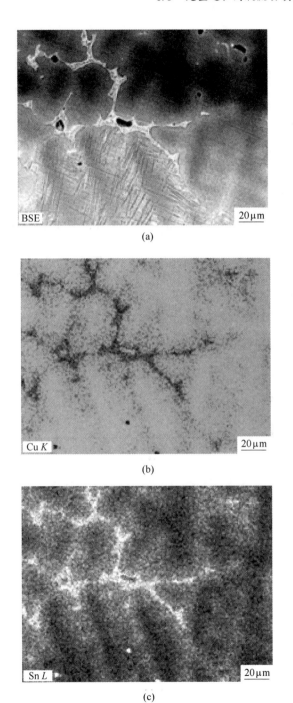

图 6.41　铸态 ZCuSn10 铜合金试样 SEM 图和元素面分布图

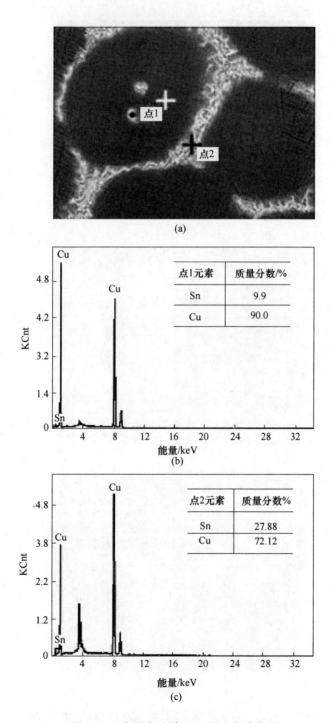

图 6.42 半固态试样 SEM 图和点分布图

为 90%, Sn 元素含量则只有 9.9%; 如图 6.42 (c) 所示, 球状晶粒间隙的 Cu 元素含量则下降到 72.12%, Sn 元素含量上升到 27.88%。

图 6.43 是试样在 910℃、充型量为 6mm、充型速率为 0.5mm/s 的充型试样线扫描示意图。图 6.43 (a) (b) 分别为实物和金相对照示意图, 线 1 的位置为固-液交界处偏向固相一侧, 线 2 为横跨固-液交界处。如图 6.43 (c) 所示, 固相一侧的 Cu、Sn 元素分布均稳定, Sn 元素的平均含量为 12.34%、Cu 元素的平均含量为 87.66%, 些许的波动是由于线扫描到部分点刚好处于残留的液相, 致使 Cu、Sn 元素的含量突变, 但整体基本保持一致。由图 6.43 (d) 可以看到, 横跨固-液两相的线 2 扫描, Cu、Sn 元素的含量在固-液相交界处发生了大幅改变, 固相一侧的 Cu、Sn 元素平均含量分别为 88.05% 和 11.95%, 而液相一侧 Cu、Sn 元素平均含量则分别为 71.65% 和 28.35%, 说明在半固态流动过程中, 元素含量发生了偏析, 原始半固态组织中的 Sn 元素主要分布在液相中, 故在受到压力作用时, 由于液相的率先向前流动, 使得 Sn 元素随之发生了严重偏析。

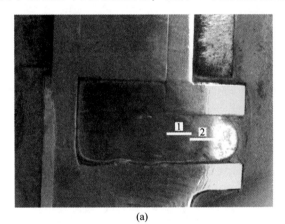

(a)

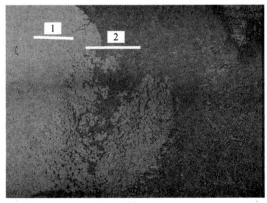

(b)

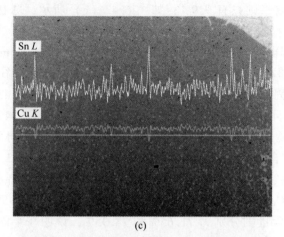

(c)

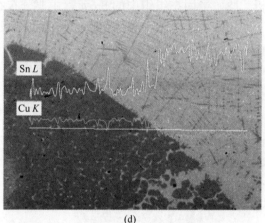

(d)

图 6.43 模拟充型后试样线扫描示意图

6.5.2 分析半固态铜合金充型组织

电子背散射衍射（EBSD）是一种亚微米层次上的分析方法，能提供更多的组织细节和取向信息。首先对某一充型条件下充型结束后的试样进行 EBSD 的样品制备，然后选取几个特殊位置进行背散射衍射分析。图 6.44 所示为所选取试样的宏观形貌及分析位置的示意图，该试样的充型条件为：充型温度 910℃、充型速率 0.5mm/s、充型量 6mm。

图 6.45 所示为试样所选取的 6 个不同区域的取向成像图，从图 6.45 可以看出，通过 EBSD 分析软件的着色后，经过较大挤压变形的组织中的晶界清晰可见，解决了之前金相图片中难以分辨变形后的晶粒问题。取向成像图中晶粒的取向分布较为杂乱，没有较强的规律，但可以发现在某些晶粒的晶界处有一些不同

于周围晶粒取向的新的小晶粒形成，它们大多呈等轴状，这些晶粒即为再结晶晶粒。

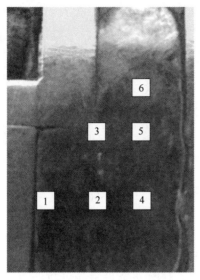

图 6.44   充型后试样 EBSD 分析位置示意图

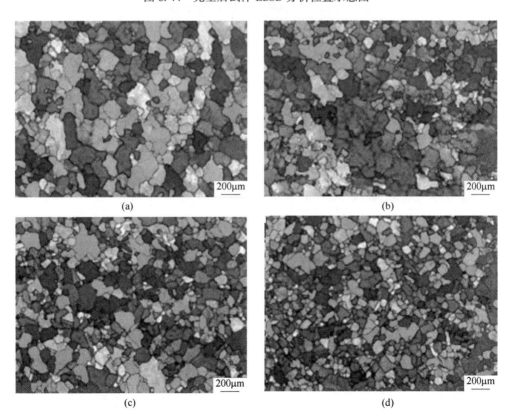

图 6.45   取向成像图

(a) 位置 1；(b) 位置 2；(c) 位置 3；(d) 位置 4；(e) 位置 5；(f) 位置 6

图 6.46 为该试样在充型过程中经过变形后组织中再结晶晶粒与变形组织的区域分布。利用 EBSD 的取向成像，筛选出形变晶粒与再结晶晶粒两种区域，对两种区域的取向进行对比分析，判断动态再结晶进行的方式和新晶粒取向的演变规律，以此来深入地揭示铜合金半固态坯料充型过程的组织演变机制。

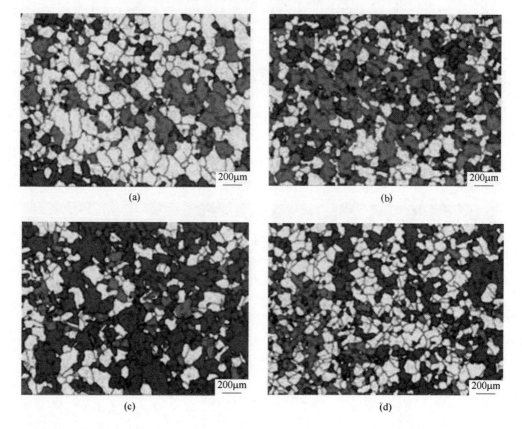

(e)   (f)

图 6.46 再结晶和变形区域分布

图 6.47 所示为通过对再结晶和变形区域进行统计后的各区域分布直方图。位置 1、位置 2、位置 4 这 3 个位置分布在冲头前进的 3 个位置。由图可知，随着距离冲头的位置越来越远，再结晶区域的比例逐渐升高，变形最大的地方出现在位置 2 处，而位置 4 处的变形相对较小，再结晶区域最多。在模具内侧的拐角处和位置 3 处，再结晶分数最高，变形相对较小，这是由于在此处分布着液相通道，液相的存在使得在变形过程中协调变形的能力增强，颗粒变形程度小。而位置 4 和位置 6 处的变形较大，这是由于在充型初期，试样中的液相由于流动阻力较小和固相发生了分离，流出试样前端，而在较小充型量下固相颗粒骨架总体保持不变。当进一步变形时，固相骨架中的液相所剩无几，在没有液相调节变形的情况下，固相颗粒粘连在一起，变形严重，形成的大片状组织在充型力的作用下朝着模具垂直型腔进行流动，粘连在一起的大片状固相颗粒被撕裂后冲刷到前端，那些变形严重的固相颗粒保持了之前的大变形，抱团游离在前端的液相集中区域，因此位置 4 和位置 6 处的变形量较大。再结晶的小晶粒主要是在变形晶粒的晶界处形成，并且在变形组织内部有很多小角度晶界。随着变形的进行，细小的再结晶晶粒越来越多。

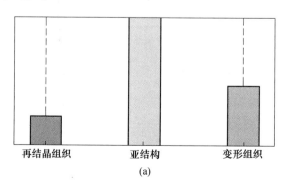

(a)

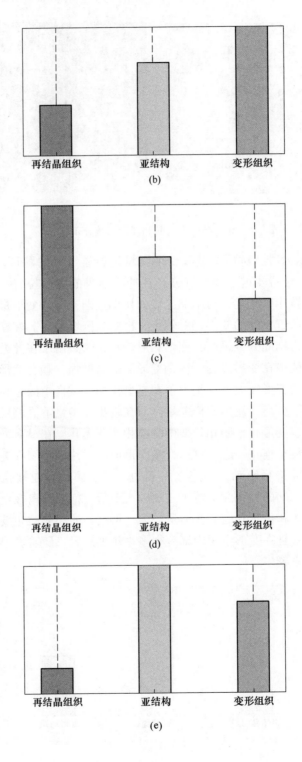

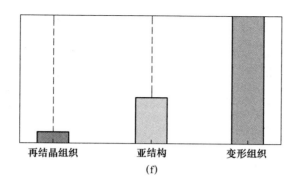

(f)

图 6.47　再结晶和变形区域的统计分布直方图
(a) 位置 1；(b) 位置 2；(c) 位置 3；(d) 位置 4；(e) 位置 5；(f) 位置 6

　　材料的性能与其显微组织、晶体结构、微区成分密切相关。材料中晶界是影响材料性能的重要因素，材料的物理化学性能、抗腐蚀性能和晶界特征分布有很大的关系。晶界晶体学结构还会影响沿晶断裂、腐蚀等。

　　图 6.48 所示为 6 个位置处的晶界结构图，图中黑色线为大角度晶界（大于 15°），灰色线为小角度晶界（2°~15°），灰黑线为孪晶界。由图可知，在位置 4 处出现了较多的孪晶，此处发生了较大的变形。

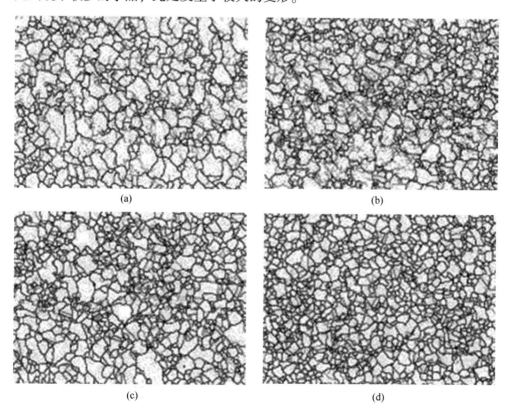

(a)　　　　　　　　　　　　　　　　　(b)

(c)　　　　　　　　　　　　　　　　　(d)

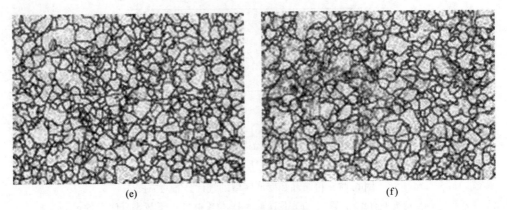

(e)   (f)

图 6.48 晶界结构图

图 6.49 所示为在晶界结构图中通过分析软件得出的取向差图，这 6 个区域的取向差总体趋势类似，即大角度晶界较少，2°以下的晶界出现频率可忽略，应算作误差范围。从位置 1 到位置 2 和位置 4 的小角度晶界基本不变，大角度晶界有所增加，这和变形量的增加有关。另外在位置 4 处出现了孪晶（60°），位置 3、位置 5、位置 6 处的大角度晶界依次有所减少。

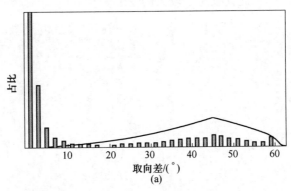

(a)

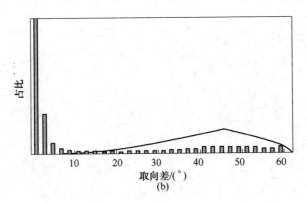

(b)

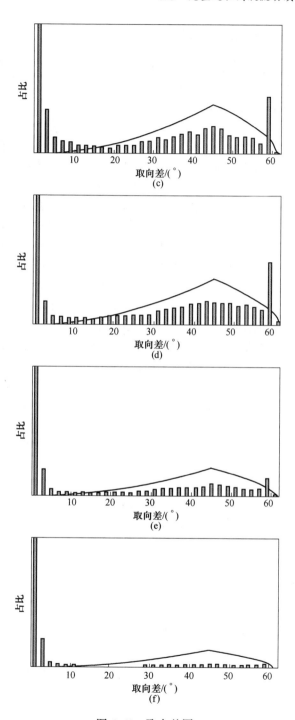

图 6.49 取向差图

(a) 位置 1；(b) 位置 2；(c) 位置 3；(d) 位置 4；(e) 位置 5；(f) 位置 6

6.5.3　半固态铜合金充型过程演变机制

实验所制备的半固态铜合金坯料的原始组织液相率较低，只有 16.2%，属于高固相率的坯料变形，所以试样在充型后由于液相较少，变形机理以固相颗粒的滑移和塑性变形为主，但具体的变形机制和试样的不同位置、充型温度、充型速率和充型量有关。

充型量越低，即充型前期，组织中的液相还没有完全和固相分离，故有固-液混合流动机制和固相的晶界滑移机制存在；随着充型量的增加，无论在什么充型温度和速率下，由于液相完全分离，试样下端的变形机制基本属于固相颗粒的塑性变形，且变形程度较大，晶界模糊或消失，导致载荷升高。而在充型试样的前端，由于液相分离而流动到此处，随后部分区域会出现固-液混合流动的机制，但此时的固相抱团形成簇，不再是单独的晶粒，并游离在前端液相中。

温度主要影响组织的液相率，当温度较低时，液相分数相对较少，则固相粒子滑移机理和固相粒子塑性变形机理起主导作用。当充型温度较高时，由于液相的增加，尤其在模具拐角处，大量液相汇于此处，变形时固-液混合流动机制占有很大的比例。

充型速率影响固-液两相流动的快慢，故影响着两相流动的速度差。当充型速率较低时，液相有充足的时间流动，而固相由于颗粒之间及固相颗粒和模具之间的摩擦影响流动较慢，固-液两相的速度差较大，分离严重。在分离前，主要以液相的流动为主，分离过程中，有固相颗粒的晶界滑移，当分离结束后，固相受到载荷作用后的变形基本是固相颗粒的塑性变形。当充型速率较高时，液相没有足够的时间流动，固-液混合流动的比例较高。

总之，在半固态铜合金的充型过程中，变形的机理是充型温度、充型速率和充型量共同作用的结果。

在实验过程中，变形温度高于其再结晶温度，因此会发生动态再结晶。半固态合金在充型过程中发生的动态再结晶过程对半固态组织的变形流动具有重要作用，同时再结晶的形核及长大也受到充型工艺参数的影响。

充型量的作用表现在：随着充型的进行，半固态铜合金的坯料变形程度逐渐增大，位错密度不断增加。同时，由于变形在高温下进行，变形中所产生的位错能够在加工过程中发生交滑移和攀移运动，使部分位错消失，部分位错重新排列。当位错重新排列发展到一定程度时，形成了清晰的亚晶界，也就形成了亚晶组织，这些亚晶又可以通过亚晶界的消失或解离而合并。在不断合并过程中，某些亚晶粒发生"旋转"，结果造成亚晶粒合并后变大，某些边界与相邻晶粒的位向差增大，演变为大角度晶界。大角度晶界使得迁移发生，进而形成再结晶晶核。在塑性变形量比较大、位错密度也相对高一些的部位，动态再结晶进行得也比较充分。

半固态变形过程中，充型温度直接影响试样内的液相分数，因此对变形过程有重要的影响。另外，充型温度还会影响晶粒的形核长大及球化，从而影响变形后的微观组织。但温度对再结晶的作用具有两面性：一方面，温度越高晶粒的长大驱动力就越大，晶粒就越容易长大，即越容易发生动态再结晶；另一方面，随着试样中的液相增多，变形时固相粒子的滑动和固-液相混合流动占主导地位，固相粒子本身的塑性变形减小，达不到动态再结晶的临界变形量，再加上动态再结晶一般首先在晶界处进行，而温度太高，部分晶界被熔化，变形时反而不会发生动态再结晶。所以温度对于再结晶的影响较为复杂，要结合其他的充型工艺参数对其进行客观实际的分析。

充型速率对再结晶有一定的影响。由于软化需要一个时间过程，变形速率大时，晶粒没有足够的时间进行长大，相反，变形速率小时，晶粒可以有足够的时间进行长大，即很容易发生动态再结晶。变形速率和变形温度对合金的再结晶影响有相似之处。

不均匀的动态再结晶只在部分晶界处发生，而在另外的一些晶界处却没有发生。这说明当液相分数较低时，试样内初始液相分布不均匀。有些地方液相分布较多，变形时晶粒之间容易发生滑移，固相颗粒本身塑性变形较小，其变形量未达到发生动态再结晶所需的临界变形量，所以不会发生动态再结晶。而在另外一些地方液相分布较少，变形过程中固相颗粒发生了较大的塑性变形，则容易发生动态再结晶。

6.5.4　固液协同流动的判据

图 6.50 为不同充型参数下半固态铜合金试样充型后在同一区域处的金相组织，由图 6.50 可得液-固协同流动的判据：适当增大变形速率和温度有利于半固态铜合金的液-固协同流动。

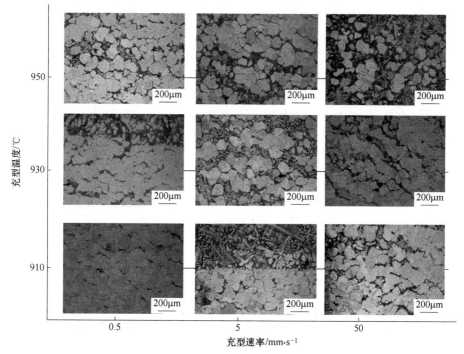

图 6.50　半固态铜合金压缩液固协同流动判据

7 圆盘类铜合金零件半固态成形技术

7.1 圆盘类铜合金零件半固态成形方法

7.1.1 实验材料及设备

目前国内半固态成形技术工艺在低温熔点合金（如镁合金、铝合金）上的应用已得到广泛研究，并在工业上取得一定的实际生产能力。然而，对于高温熔点合金（如钢铁、铜、镍基高温合金等），由于它们的熔点高、黏度大、容易冷却，应用半固态成形技术实际生产零件较困难，采用传统成形方法（如液态加工成形）生产零件，其力学性能又不理想。鉴于国内半固态领域在高温熔点合金目前存在这些困难，本章提出选用 ZCuSn10 合金作为研究对象，其优点在于：（1）采用 STA449F3 同步热分析仪进行差热分析（DSC）测得该合金的固相线温度为 830.4℃、液相线温度为 1020.7℃，其固、液相线温差为 190.3℃，半固态温度区间较宽，有利于半固态成形；（2）ZCuSn10 合金熔点高，研究并解决高温熔点合金的半固态成形符合国内的需求；（3）合金含 Sn 量为 10%，在传统铸造青铜合金含 Sn 量范围（10%~14%）内，由 Cu-Sn 二元合金相图（见图 7.1）可知，含 Sn 高于 8%的青铜合金热处理可发生相变（得到新相仍为 α 相和 α+δ 相，但具体成分有差异），能改善合金组织及性能。基于上述分析，本章提出选择 ZCuSn10 合金作为实验研究材料，其具体化学成分（质量分数）为：Cu 88.25%、Sn 10.48%、其他含量 1.27%。

7.1.1.1 液压机

国内挤压铸造设备较多，吨位差别较大，概括起来主要有两大类，即专用的挤压液压机和通用的挤压液压机。专用的挤压液压机一般广泛使用在大型零件或高精度零件的工业生产中，购买和维护成本较高；普通小型零件挤压成形一般选用通用的液压机，理由是：（1）普通零件结构简单、体积小、半固态成形所需挤压力小，一般通用的挤压液压机额定吨位能满足试验要求，且挤压过程压力稳定；（2）在满足半固态挤压成形前提下，选用通用液压机大大降低了设备资金的投入，减少了生产成本。试验挤压成形所选用的液压机最大公称力为 1600kN、最大顶出推力为 400kN、上滑块最大行程为 700mm，顶缸顶出最大行程为

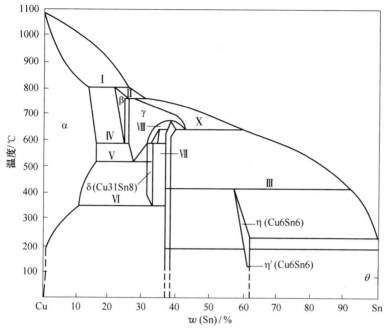

图 7.1　Cu-Sn 二元合金相图

200mm。设备配有数据收集系统，可以对试验所得数据进行记录收集。

7.1.1.2　金属模具

试验选用金属模材料为40Cr，强度适中。设计试验模具结构时，为了准确研究半固态 ZCuSn10 合金浆料在模具型腔中的流动变形特点，分别设计了两种不同结构模具进行对比。图 7.2（a）（b）分别为这两种模具的三维示意图，其中图7.2（a）为复杂铜合金零件结构金属模，图 7.2（b）为简单圆盘铜合金零件结构金属模。

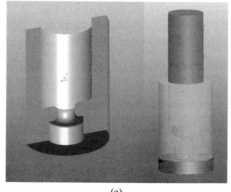

(a)

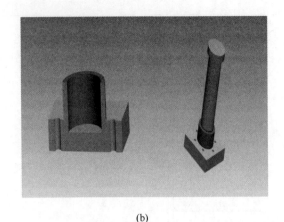

(b)

图 7.2　金属模具的三维图

(a) 有浇道结构模具；(b) 无浇道结构模具

半固态成形件金相取样部位比较关键，为了研究半固态挤压浆料充型流变过程组织变形机制的分析，对铸件边缘部分组织进行分析，同时为了应用 Image-Pro-Plus 图像分析软件计算固相晶粒尺寸、圆整度和液相率，需要对经典部位取样进行组织观察，简单圆盘铜合金零件和复杂铜合金零件金相具体取样位置如图 7.3 所示。简单圆盘铜合金零件金相取样经典部位如图 7.3 (a) 中 a、b、c 所示，分析 3 个试样组图的微观组织特点，确定简单圆盘铜合金零件半固态铸造充型行为；复杂铜合金零件金相取样部位如图 7.3 (b) 所示，取样方法为：将铸件沿中心轴截面方向平均切割成两部分，一部分放置作为力学试样材料，另一部分沿试样剖面往内部切割厚度为 5mm 的试样，最后将试样平均分成两部分，组织对比分析取样部位为典型部位 a (见图 7.3 (b))，同时采用 Image-Pro Plus 图像分析软件对半固态微观组织进行分析。

(a)

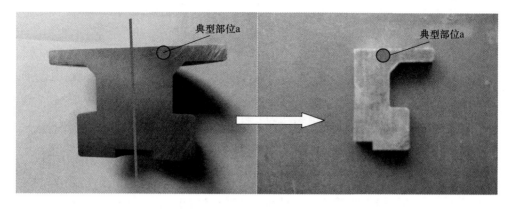

(b)

图7.3 挤压成形件及典型金相取样部位

7.1.2 实验方法

选取 ZCuSn10 合金为研究对象，该合金为 Cu-Sn 二元合金，其固-液温度区间较宽，适合进行半固态成形。首先探讨铜合金半固态坯料制备方法，讨论不同制备工艺对半固态挤压组织的影响，获得较优的制浆工艺参数；然后利用四柱立式液压机进行铜合金半固态坯料挤压成形，探讨不同挤压工艺对半固态挤压组织的影响，获得较优的挤压工艺参数，同时讨论在合适工艺参数条件下铜合金半固态坯料铸造充型过程固-液两相的组织演变规律及其变形机制。

7.1.2.1 流变浆料制备

将 ZCuSn10 合金在中频电炉中加热至1180℃精炼后，浇注入金属模中成形，凝固后开模取出铸锭并空冷至室温，浇注前金属模要事先涂好脱模剂且预热好，预热温度为400℃左右；将铸锭机加工后进行轧制，得到预定变形量的坯料，将变形后的坯料放入放有坩埚的管式电阻炉中加热，管式电炉事先已将温度加热到半固态预定温度，坯料放入电阻炉过程要快，一是防止外界空气进入影响炉内温度，二是防止空气进入使试样保温过程发生氧化；保温完毕即得到铜合金半固态ZCuSn10 流变浆料，立即倒入已预热好的模具型腔内进行挤压成形。

7.1.2.2 半固态挤压成形

在不同工艺参数条件下进行半固态挤压成形，探讨温度、保温时间、轧制预变形量等制浆工艺参数和挤压力、挤压速率、模具结构等挤压工艺参数对半固态组织的影响，得出合理的铜合金半固态成形工艺参数范围，并分析铜合金铸造充型过程固-液两相变形机理。试验采用单一变量法，研究工艺参数对挤压组织影响的具体工艺如下：

(1) 温度。根据 ZCuSn10 合金前期制浆工艺的研究，选择合金固-液相线点中间温度为研究对象，分别为 890℃、900℃、910℃、920℃、930℃，研究浆料在这些温度下的挤压充型情况及其组织的特征，最终确定合适的挤压温度范围。由于温度是决定浆料液相率大小最关键的参数，过低的温度不易于成形，变形抗力过大，过高的温度则得不到组织均匀、性能优越的成形件，因此选择合适温度较为关键。

(2) 保温时间。保温时间也是影响液相率大小和组织球化的关键因素，保温时间的长短可根据挤压棒料的尺寸来决定，尺寸越大，要得到相同液相率大小的半固态浆料必须相应地延长保温时间，通过探讨 60min、90min、120min 3 组不同保温时间，确定铜合金较适合成形的保温时间范围。

(3) 轧制预变形量。轧制预变形量可以使传统液态成形凝固过程得到的树枝晶网状结构发生破坏得到非枝晶组织，间接地消除硬化现象；预变形同时提供形核变形储能和形核核心，不同预变形量对树枝晶网状结构破坏率不同，得到的变形储能和形核核心也不同，间接影响挤压组织。通过研究 8%、17%、28% 这 3 个预变形量对挤压组织的影响，确定试验合适的预变形量。

(4) 挤压力。挤压力直接影响半固态浆料的充型，对成形件致密度影响很大，从而影响成形件组织和性能。试验通过探讨 90T、120T 两个不同挤压力对挤压组织的影响，确定半固态铜合金成形挤压力范围。

(5) 挤压速度。试验所使用的液压机由于挤压速率可调控范围较小，为 10~15mm/s，低于 10mm/s 时液压机工作不稳定。对此，试验选用的 3 个挤压速率分别为 10mm/s、12.5mm/s、15mm/s，以探讨挤压速率对挤压组织的影响。

(6) 模具结构。模具结构对半固态浆料充型的影响很大，因而间接影响到挤压组织，浆料在不同结构模具中流动凝固成形所受的力不一样，各部分浆料流动机理也不一样，液-固分布状况差异也大。实验选用的模具为两种结构，即简单圆盘零件结构的金属模和复杂铜合金零件结构金属模，其中复杂结构模具又分为 18mm、25mm、40mm 3 种浇道尺寸不一样的模具。

7.1.2.3 热处理工艺

根据 Cu-Sn 合金二元相图可知，当铜合金含 Sn 量大于 8% 可以通过热处理工艺改善其成形件组织来提高铸件性能。王佳等人[83]认为，铜合金最适合热处理的温度范围为 625~725℃，且热处理试样以每有效厚度增加 100mm，保温时间相应延长 2h。本章热处理试样尺寸大小为 $\phi7mm \times 90mm$，初步确定实验保温时间为 100min 左右。为了进一步确定最优热处理工艺，分别通过研究不同热处理保温时间、热处理温度和冷却方式对组织的影响，探讨出合适的热处理工艺参数。具体实验步骤为：将挤压好的成形件机加工去表皮使零件表面光亮，恢复铜合金原始颜色并观察表面裂纹，在压头附近取样机加工出 $\phi 7mm \times 90mm$ 的铜合金棒材，作为热处理坯料；热处理试样位置尽量相同，以保证试验对比的准确性，热处理温度分别为 660℃、690℃、720℃，保温时间分别为 35min、100min、200min，确定出合适的热处理参数，并对比空冷、炉冷、水冷等不同冷却方式对组织的影响；结合扫描电镜（SEM）和能谱（EDS）进行分析，总结出热处理对半固态 ZCuSn10 合金挤压组织的影响机理。

7.1.2.4 力学性能表征

采用 HBE-3000M 电子布氏硬度计对液态成形和半固态成形两种形态进行硬度测试，两种形态试样测试位置为 a、b、c 3 点，每个部位共测试 5 次并取平均值，其中电子布氏硬度计压头钢球直径为 $\phi 2.5mm$、载荷力为 612.9N、加载持续时间为 10s，硬度测试公式见式（7.1）。

$$HB = \frac{2P}{\pi D(D - \sqrt{D^2 - d^2})} \tag{7.1}$$

式中　D——压头钢球直径；

　　　d——压痕直径；

　　　P——加载载荷。

采用 WEW-300D 万能材料试验机测试铜合金试样单向拉伸的力学性能，为了对比分析铜合金的力学性能，采用金属型液态浇铸的铸态试样和半固态试样两种形态的铜合金进行单向拉伸试验，试样的几何尺寸如图 7.4 所示，拉伸试验的应变速率为 $0.001s^{-1}$。

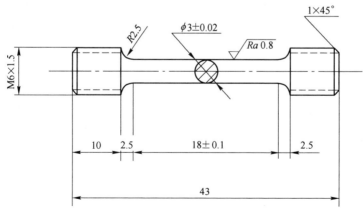

图 7.4　单向拉伸试样尺寸（单位：cm）

7.2   制浆工艺参数对半固态挤压铜合金组织的影响规律

一般来说，浆料对模具型腔的充型能力主要由浆料液相率来决定，过低的液相率会使浆料无法完全填充模具型腔，过高的液相率会使浆料黏度下降，但流动性增加并容易完全填充模具型腔，考虑到初生晶粒数量等有利于获得近球形的固相颗粒半固态组织，过高的液相率容易出现蔷薇状组织而不利于获得晶粒圆整度高的半固态组织浆料，所以浆料内部液相率要适中。影响液相率的主要为温度，挤压过程若热量损失严重会容易导致固相率增加，出现塑性加工现象，发生开裂，因而选择合适的制浆工艺对成形过程很重要，最终会影响到成形铸件质量。本节主要讨论了制浆工艺参数（浆料加热温度、保温时间及轧制预变形量）对半固态 ZCuSn10 合金挤压后微观组织的影响规律，并与铸态组织进行对比；采用单因素变量法确定出工艺参数的适用范围，从而达到优化制浆工艺并实现铜合金半固态挤压成形的目的。

7.2.1   铸态铜合金宏观铸件及其微观组织

为了研究半固态 ZCuSn10 合金挤压成形件组织及其性能的特征，引入液态金属浇注成形及液态金属挤压成形工艺，分析两种成形方法铸件及其微观组织特征，有利于分析不同工艺条件下半固态挤压组织的特征。

图 7.5（a）为 1180℃ 下液态浇注成形工艺 ZCuSn10 合金得到的宏观铸件实物图，图 7.5（b）为其铸件内部缺陷。由图 7.5（a）可知，铸件充型完整，表面氧化严重，呈黄色，机加工后表面光滑平整，无缩孔、裂纹等缺陷，沿着轴截面切割发现铸件内部存在一个尺寸较大的缩孔（见图 7.5（b））。在铸件典型部位上截取试样进行金相组织观察，如图 7.5（b）所示，液态浇注成形工艺得到铸件微观组织由粗大的一次枝晶和二次枝晶交错缠结形成网状结构组织，组织为典型的树枝晶组织，由初生晶 α 相和 α+δ 共析体组成，初生晶 α 相呈灰色状，白色的 α+δ 共析体位于初生晶 α 相间隙内，如图 7.5（e）所示。图 7.5（c）为 1180℃ 下液态挤压成形 ZCuSn10 合金宏观铸件实物图，图 7.5（d）为其铸件内部缺陷。图 7.5（f）为在 ZCuSn10 合金液态挤压铸件典型部位上截取试样的金相微观组织。由图 7.5（c）可知，宏观铸件及其微观组织与液态浇注成形铸件相似，铸件在含浇道模具型腔充型完整，机加工后表面光滑平整，铸件内部出现尺寸较大的缩孔，缩孔出现位置比液态浇注铸件缩孔位置要深、尺寸要小（见图 7.5（d）箭头）。液态挤压铸件微观组织仍为典型的树枝晶组织，但比液态浇注成形铸件树枝晶尺寸变粗、长度变小，如图 7.5（f）所示。

以上现象说明液态浇注成形最大的优点是液相率高、流动性好，容易对模具型腔充型完整得到表面光滑的成形件，但液态浇注成形过程中合金凝固收缩率大，对合金补缩要求高，合金熔体凝固成形的粗大树枝晶网状结构使铸件容易发生硬化，间接阻碍了浆料的流动情况，使内部浆料流动不规律、组织不均匀，加上浇注环境缺乏真空保护，浆料内部容易卷入空气，形成尺寸巨大的缩孔。

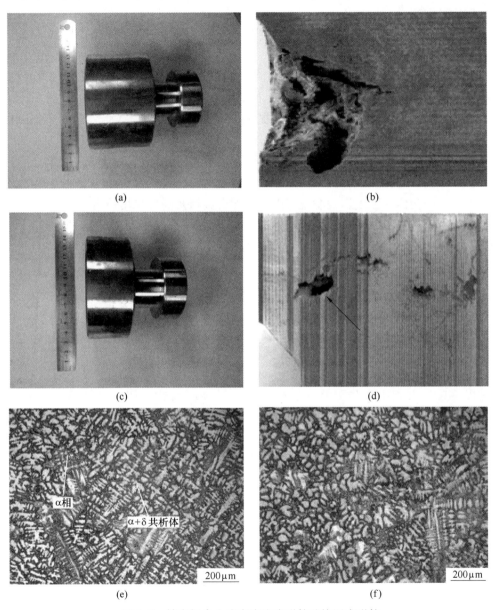

图 7.5　铸态铜合金液态浇注成形件及挤压成形件

(a) 浇注成形铸件；(b) 浇注成形铸件缺陷；(c) 挤压成形铸件；(d) 挤压铸件缺陷；

(e) 浇注成形铸件微观组织；(f) 挤压成形铸件微观组织

通过挤压成形后，内部缩孔尺寸变小，微观组织树枝晶变粗变短，其原因是：（1）ZCuSn10合金液态熔体受其凝固收缩率大、补缩要求高的原因，在浇注成形和挤压成形时都会容易在铸件内部出现大尺寸缩孔，但施加挤压力使浆料的流动速度增加，消除逐层凝固现象并缩短凝固成形时间，降低凝固收缩率和对合金熔体补缩要求，提高了铸件致密度，铸件内部形成的气孔尺寸变小；（2）挤压一方面缩短了液态凝固过程，减少了二次枝晶臂的产生，使枝晶臂变短变粗，初生 α 相得到细化且数量增加；另外一次枝晶和二次枝晶组成的网状结构形状发生微量改变，经压头为 $4d_{2.5mm}$ 载荷力为 619.2N（62.5kg）的电子布氏硬度计测得挤压后的铸件硬度 84HBW 为（GB 标准），液态浇注铸件硬度 HBW 为 76.4，这表明经过挤压的铸件组织不仅可以提高组织致密度，同时大大改善了液态浇注凝固过程的硬化现象。

综合以上分析可知，ZCuSn10合金熔体利用挤压成形不仅有利于组织致密度的提高，较少缩孔产生，且大大降低了合金硬度，改善了合金结构脆性，间接提高了合金的韧性和强度，说明现实中生产铜合金精密零件采用挤压成形工艺的质量更好。

7.2.2   保温温度对半固态挤压铜合金宏观铸件的影响

根据前期制备 ZCuSn10 铜合金半固态浆料的研究，半固态制浆工艺参数中温度是影响 ZCuSn10 合金半固态浆料最重要的因素之一，采用合适的半固态加热温度不仅有利于浆料充型型腔，同时可得到组织良好、性能优异的半固态成形铸件；模具预热温度对浆料的充型同样影响很大，过低的预热温度使模具型腔激冷浆料、组织凝固过快，影响浆料的流动性，过高预热温度则降低模具强度，挤压过程模具受力容易发生变形，脱模困难。经多次实验证明，模具预热温度为 400℃ 有利于挤压充型。总之，在半固态挤压成形中，坯料温度和模具预热温度对坯料充填模腔有明显的影响，温度太低，坯料无法完全充满模型；温度太高，则难以获得组织均匀、力学性能高的半固态铜合金产品。实验在 ZCuSn10 合金液-固相线点中间取加热温度，分别研究 890℃、900℃、910℃、920℃、930℃ 不同浆料加热温度对模具型腔充型能力及挤压组织的影响，开始试验采用无浇道和有浇道两种结构模具，以确保试验温度的准确性。

图 7.6 为模具预热温度为 400℃、轧制变形量为 17%、保温时间 90min 时，简单结构模具（无浇道）挤压出的 ZCuSn10 铜合金半固态挤压成形件宏观图。由图 7.6(a)可知，挤压件不致密、没有完全充满型腔，存在裂纹和空洞，其中存在一些明显的分界面。重熔温度升高，液相增加，流动性较好，半固态金属充型能力提高，但是由于增加的温度不够高，导致其成形后依然存在表面质量不好、裂纹、分层等缺陷，如图 7.6(b)和(c)所示；随着重熔温度继续提高，半固态金属的流动

充型能力更好，成形后的零件表面质量提高、无分层，如图 7.6(d) 和 (e) 所示。

(a)

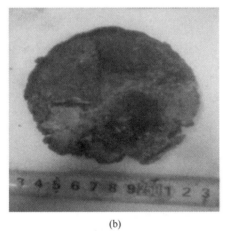

(b)

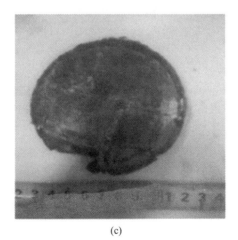

(c)

(d)

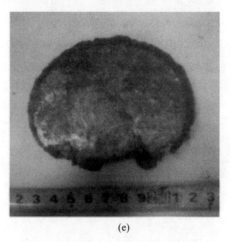

(e)

图 7.6 半固态铜合金挤压成形件

(a) 890℃；(b) 900℃；(c) 910℃；(d) 920℃；(e) 930℃

　　图 7.7 是模具预热温度为 400℃、轧制变形量为 17%、保温时间为 90min 时，复杂结构模具（有浇道，浇道直径为 φ25mm）挤压得出的 ZCuSn10 铜合金半固态挤压成形件宏观图。由图 7.7（a）可知，挤压件没有完全充满型腔和浇道且零件下端没有成形，浇道部位机加工取样困难，体积变小。当加热温度升高到 920℃时，液相增加，流动性较好，模具型腔底部明显得到充型，但没有充满，零件底部宏观上仍可见有明显颗粒组织（见图 7.7（b））；随着重熔温度继续提高，高液相的出现使半固态金属的流动充型能力更好，模具型腔完全充型，致密度增加（见图 7.7（c））。

(a)

(b)

(c)

图 7.7　半固态铜合金挤压成形件

（a）910℃；（b）920℃；（c）930℃

对上述结果的分析表明：锡青铜合金的导热性能高，成形对温度敏感性大（温度改变范围两者只相差 10℃），挤压模锻塑性变形能力对温度的改变依赖性也大，在 910℃之前，不管无浇道结构模具或有浇道结构模具，挤压后成形铸件表面黑暗、粗糙，出现裂缝是因为温度过低坯料充填模腔不充分，浆料受模具内壁激冷冷却速度快，无真空环境下外界气体的进入使挤压容易产生缩孔、疏松等缺陷；而青铜合金导热性能高，冷却速度快，在坯料不完全充填模腔就冷却到固相线温度以下，这时继续挤压相当于固态挤压成形，韧性下降、塑性变形能力差、容易出现断裂。当温度提高到 920℃时，裂纹消失，铸件表面光洁度提高，未发现疏松、缩孔等缺陷。继续将温度提高到 930℃挤压，铸件的光洁度达到最佳，铸件缺陷完全消失，但挤压过程出现喷溅产生黏膜，在压头与模具型腔狭小缝隙内浆料发生反挤压，脱模困难。

7.2.3　保温温度对半固态挤压铜合金组织的影响

图 7.8 所示为简单结构模具半固态 ZCuSn10 铜合金挤压前后的微观组织，挤

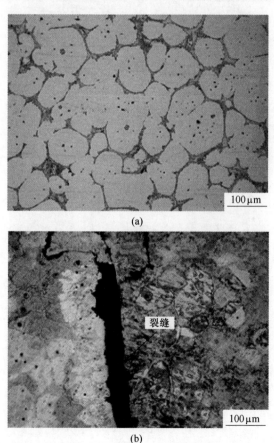

(a)

(b)

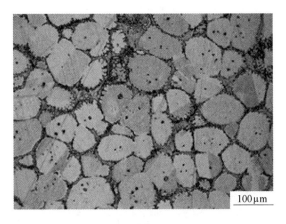

(c)

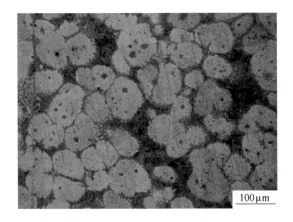

(d)

(e)

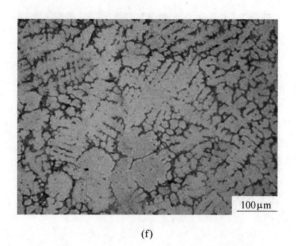

(f)

图 7.8 ZCuSn10 合金半固态挤压前后的微观组织
(a) 挤压前 910℃；(b) 挤压后 910℃；(c) 挤压前 920℃；
(d) 挤压后 920℃；(e) 挤压前 930℃；(f) 挤压后 930℃

压工艺参数为：模具预热温度 400℃、挤压速度 15mm/s、坯料保温时间 90min、轧制预变形量 17%、挤压力 120T。图 7.8 (a) (c) (e) 分别为挤压前重熔温度为 910℃、920℃、930℃ 的组织，图 7.8 (b) (d) (f) 分别为成形温度为 910℃、920℃、930℃ 的挤压后组织。

由图 7.8 可知，在半固态温度区间进行保温并挤压变形后，试样组织都保持着很好的半固态组织。由图 7.8 (a) (c) (e) 可知，随着温度的升高，试样组织中液相增多，固相圆整度更好，球化效果较好，液固两相能够均匀分布。由图 7.8 (b) (d) (f) 可知，半固态试样挤压后组织发生较大改变，图 7.8 (b) 能够清晰看到坯料结合处的裂缝，产生的原因可能是该温度试样的液相较少，导致坯料流动性不好，从而使充型能力变差；图 7.8 (d) 试样保持了良好的半固态组织，挤压成形后试样仍保持液-固两相均匀分布，表明此变形工艺条件下试样液-固两相变形协同性好；图 7.8 (f) 试样中出现了蔷薇状和树枝晶组织，表明在此温度下成形时，试样的加热温度过高，液相较多，液-固两相在挤压变形过程中不能协同变形，从而导致液-固两相分布均匀性较差，进而影响挤压产品的性能和质量。

图 7.8 (a) (b) 分别为 ZCuSn10 合金在 910℃ 保温 90min 后半固态和重熔后挤压态产品的微观组织。坯料在 910℃ 保温 90min 后水淬，由于保温温度偏低，导致液相率低，相邻枝晶相互合并长大，水淬后固态仍以大颗粒状连接存在，如图 7.8 (a) 所示，经过计算其平均晶粒枝晶为 68.1μm、液相率为 24.2%。坯料在 910℃ 保温 90min 后挤压时，由于重熔后液相率低，固相颗粒以大颗粒相互缠

结方式存在，因而挤压过程颗粒之间相互摩擦力大，同时重熔态保留的大量位错缠结严重阻碍了液-固向前流动，黏性增加，流动性能下降；外层金属流动性受模具形状的约束和模具内壁摩擦的作用会外在地形成一股对液-固两相协同向前流动的阻力；同时，固相率越高，坯料与模具内壁的摩擦力越大，这种阻力越大，造成金属外层流动越不均匀。当模具温度低于坯料温度，使坯料外层迅速被激冷凝固，随着流动进行温度下降、固相率不断提高、摩擦力增加、流速降低、成形越加困难、韧性下降，在压力继续压下的情况下，外层会优先发生开裂，内层的金属液由于只受自身摩擦力的作用，模具的制约能力小，同时在内部保温能力好，温度下降慢，因而金属内层流速大于外层流速，在压力作用下液-固协同向前流动快，越接近外层时，流速也会跟着下降。由于这种金属内层促进流速加快，外层在制约流速的矛盾情况下使外层金属和内层金属分别受到拉附应力和压附应力的作用，改变了浆料（特别是高固相区）变形区内的基本应力状态。当这种拉应力聚集并达到金属合金的实际断裂强度极限时，在铸件合金表面就会出现由外向内延伸的裂纹，在挤压成形过程中，铸件薄壁处的金属浆料流速最快（如浇道部位），固相接触碰撞流动变形大并尽力会向壁厚部位流动，金属浆料得到伸展拉长后呈纤维状的固相组织。受回复力的作用使薄壁和厚壁结合部位的金属浆料受到周围拉应力的作用，应力集中增加，最终发生开裂。挤压过程热量散失过快使温度进一步下降凝固成形导致组织韧性下降，继续加大压应力将使裂纹加大，这表明在 910℃ 下，温度较低，浆料流动差，坯料结合不充分，形成由外向内延伸较大的裂缝。适当增加温度使浆料液相率提高，半固态挤压过程中，坯料内足够液相的存在降低了金属内部在成形过程中因固相塑性变形而形成的较大应力集中，避免了裂纹的产生，使半固态挤压件内部组织更加致密。

　　图 7.8（c）和（d）分别为 ZCuSn10 合金在 920℃ 半固态重熔态和重熔后挤压态产品的微观组织。坯料在 920℃ 保温 90min 后水淬，由于温度的提高，α 相和 α+δ 相不断熔化，液相率增加，颗粒圆整度提高，通过计算得到晶粒平均枝晶和液相率分别为 56.4μm 和 29.3%。低液相率的半固态浆料流动变形机理是受压应力之前，重熔浆料的微观形貌主要是以近球状固相颗粒被液膜完全包裹，受压应力后浆料呈黏塑性流动，主要以固相粒子间的滑移流动和固相团聚塑性变形流动为主，晶粒球化越好，固相粒子滑移流动和塑性变形流动抗力越小、内部变形产生聚集的应力也越小，热量也越小，使浆料内部各个部分温度场趋于均匀化，流动过程中受力也更加均匀，浆料流速稳定，流速受成形件壁厚的影响就很小，有利于获得分布均匀的变形组织，加上部分塑性变形的固相颗粒挤压过程发生了动态再结晶，使晶粒更加细小，因而所获得的挤压成形件其横截面典型部位的微观组织变形程度一致，组织分布均匀。

图 7.8（e）和（f）分别为 ZCuSn10 合金在 930℃ 半固态重熔组织和重熔后挤压态产品的微观组织。经计算，重熔组织的固相颗粒平均直径和液相率分别为 60.3μm 和 32.4%，晶粒平均直径比 920℃ 要大，液相率比 920℃ 要高，主要是因为随着温度升高，液相增多，导致液相率增大，同时固相晶粒产生合并长大，导致晶粒数量减少，晶粒直径增大。挤压后组织内部由原来挤压前较圆整的晶粒变成挤压后大量的枝晶组织，这是因为挤压前重熔温度过高熔化了大量预变形的树枝晶，导致液相增多，水淬凝固时机理与铸态凝固相似，但由于原始网状结构被破坏无法修复完全，因而二次加热后组织形成大的晶粒。挤压后内部出现大量网状结构的树枝晶，一部分是因为预变形时原始断裂树枝晶被高温熔化为液态后重新凝固长大形成，另一部分是在挤压过程中由于原始碎树枝晶被熔化后改变了预变形后的形状，组织不均匀，在挤压力的作用下液-固两相流动也不均匀，加深了树枝晶的产生，从而导致挤压后组织变为树枝晶。

综合图 7.8 可知，在实验条件下，合理的挤压工艺参数为模具预热温度 400℃、挤压速度 15mm/s、坯料保温温度 920℃、保温时间 90min。

图 7.9 所示为复杂结构模具半固态 ZCuSn10 铜合金挤压后靠近压头典型部位 I 的微观组织。模具浇道直径为 φ25mm、预热温度为 400℃、挤压速度为 15mm/s、坯料保温时间为 90min、轧制预变形量为 17%、挤压力为 120T。取典型部位 I 作为研究对象是因为该位置靠近压头，位置直接与压头相连，挤压时最先受力变形，瞬间凝固的组织在一定程度上微量地保留了挤压变形前的组织特征，即在与压头相连部位能够保留原始液相率，后端组织中大部位挤压组织均已发生形变，称为完全变形挤压组织。总之，此典型部位的微观组织可看作挤压前和挤压后的过渡区域，因而具有重要的研究价值。

压头

500μm

(a)

(b)

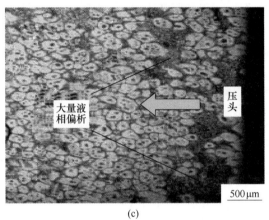

(c)

图 7.9 典型部位 I 挤压组织保温 90min 的微观组织
(a) 910℃；(b) 920℃；(c) 930℃

在相同保温时间、挤压速度时，随着保温温度的升高，组织内液相增多。当保温温度为910℃时，挤压组织液相率为11%，固相圆整度较差，部分固相颗粒团聚为大尺寸晶粒，这可能是由于较低温度时，液相较少，半固态组织的固-液两相在挤压力的作用下，液相流动阻力较小，变形较易，先流向变形前端，导致近冲突区域半固态组织中液相很少，液相不足以润滑固相的流动变形，使固相颗粒在挤压力的作用下相互变形，从而导致组织分布较差，如图 7.9 (a) 所示。当保温温度为920℃时，液相增多，液相率为20%，固-液两相均匀分布，固相颗粒尺寸均匀性较好，平均晶粒直径为 70.1μm，固相圆整度较好，平均形状因子为 1.3（越接近 1，则表明晶粒越接近球形，圆整度越好），固-液两相均匀分布也表明在挤压变形过程中，半固态组织中的固-液两相变形协同性较好，即在挤压变形过程中，固-液两相能够同步流动充型，如图 7.9 (b) 所示。当保温温度升至930℃时，液相进一步增加，液相率为31%，挤压变形后组织中固-液两相分布的均匀性变差，液相出现团聚，且固相颗粒内部出现小熔池，固相颗粒的均匀性也变差，有较多的小颗粒固相，其平均直径为68.2μm、平均形状因子为1.4，如图7.9（c）所示。以上分析表明，固-液两相分布不均、液相团聚表明在挤压变形过程中固-液两相变形协同性较差；温度在920℃有利于铜合金铸造充型过程固-液两相协同流动，可得到均匀半固态组织。

7.2.4 保温时间对半固态挤压铜合金组织的影响

在铜合金半固态流变制浆工艺中，坯料保温时间与温度相似，直接影响到坯料液相率的高低，本身制浆过程中，坯料在常温下轧制变形后加热，断裂的非枝晶从熔断到合并长大并使晶界处完全析出液相且趋于稳定需要足够的保温时间，保温时间太低或太高都不利于获得清晰晶界，固相颗粒悬浮于液相并被完全包裹在半固态组织浆料中，这些因素都会影响成形过程浆料的流动性。

图7.10为复杂结构模具ZCuSn10铜合金在920℃、不同保温时间下典型部位I的微观组织。模具浇道直径为$\phi25mm$，预热温度为400℃、挤压速度为15mm/s、轧制预变形量为17%、挤压力为120T。在其他工艺参数完全一样的条件下增加保温时间挤压时，液相率提高；保温60min时，液相率低、固相颗粒挤压过程缠结严重、发生碰撞变形开裂（见图7.10（a）黑色裂纹）；晶粒独立性差、晶界不清晰、部分颗粒之间相互碰撞发生塑性变形使组织内部应力增加，影响成形零件的性能，同时变形区域的增加会使固-液协同流动差，此时颗粒平均尺寸无法计算，液相分数为10.5%。当保温时间增加到90min时，液相率提高20%后得到固-液分布均匀，协同流动性好的挤压组织，组织致密均匀、无开裂。当保温时间继续延长到120min时，颗粒内部析出液相且颗粒之间液相增多使液相率明显提高到28%，但挤压组织不均匀，出现与930℃相似的大面积液相组织，差别

压头

500μm

(a)

(b)

(c)

图 7.10 不同保温时间下典型部位 I 的挤压组织

（a）60min；（b）90min；（c）120min

在于固相颗粒直径比 930℃要小。总之高温和过长保温时间出现大面积液相现象都不利于固-液协同流动而使组织趋于均匀，以上分析说明加热 920℃、保温 90min 有利于挤压过程固-液协同流动，得到均匀的挤压组织。

7.2.5 预变形量对半固态挤压铜合金组织的影响

图 7.11 所示为复杂结构模具半固态 ZCuSn10 铜合金挤压后靠近压头典型部位的微观组织。模具浇道直径为 $\phi25mm$、预热温度为 400℃、挤压速度为 15mm/s、挤压温度为 920℃、保温时间为 90min。从图 7.11（a）看出，组织液相率低、固相颗粒挤压后黏结严重、晶界不清晰，这说明较小的预变形量使原始铸态枝晶网状结构破坏不充分、枝晶断碎不完全，得到初生 α 相尺寸大，在半固态温度加热过程中粗大的断碎枝晶（初生 α 相）重新黏结并长大形成尺寸较大等轴晶，挤

(a)

(b)

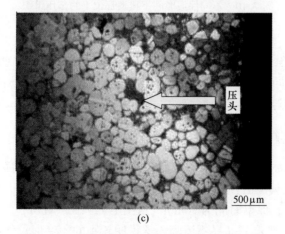

(c)

图 7.11　不同预变形量下典型部位 I 的挤压组织

(a) 8%；(b) 17%；(c) 28%

压成形过程中受挤压力的作用大体积的等轴晶容易失去液相包裹裸露在外面与相邻等轴晶发生接触碰撞变形，黏结成更大体积的固相晶粒，继续受挤压应力作用下大颗粒晶粒最终形成大面积偏聚区域的固相区即固相团簇。当变形量增大到17%，枝晶网状结构破坏严重，得到数量更多的破碎枝晶提供形核，在半固态温度区间 920℃ 加热后组织更加均匀细小，挤压过程液相包裹的固相颗粒增多，浆料受力后固-液流动过程中固相晶粒之间相碰缠结长大成大面积固相区的可能性下降，有利于挤压成形组织的均匀、局部内降低空洞裂纹缺陷形成的概率，最终使浆料在成形模具型腔内固液流动协同平稳，提高成形件组织均匀分布和改善铜合金零件的力学性能。继续增加冷轧道次使预变形量提高到 28% 时，典型部位的液相率增加，晶粒尺寸减小不明显，部分晶粒尺寸反而增加（见图 7.11（c）），但变形量本身不能提高组织的液相率。出现以上现象的原因是：（1）增大预变形量，网状结构破坏程度增加，在同样的加热温度下可减少保温时间使浆料软化达到预期挤压浆料组织或者同样的保温时间降低加热温度，当这种预期组织达到后继续延长保温时间或增加加热温度等同于温度和保温时间对组织的影响，从而间接提高了液相率；（2）破碎过程使形核枝晶尺寸过小，数量增多会使加热过程枝晶长大成许多尺寸较小的等轴晶，相邻晶粒之间以大尺寸等轴晶吞噬小尺寸晶粒继续长大成更大尺寸的固相晶粒，挤压过程会使这些晶粒发生碰撞的概率提高，但由于大轧制预变形量间接地提高了液相率，使液相包裹着的固相数目增加，这一原因又降低了相邻固相颗粒之间流动过程发生碰撞缠结变形，最终得到如图 7.11（c）一部分液相率高，一部分固相颗粒尺寸大的成形组织。

7.3 挤压工艺参数对半固态挤压铜合金组织的影响

对于制浆工艺如何获得球状及近球状晶粒组织结构的半固态浆料并有效进行挤压成形获得良好的组织和性能优越的半固态铸件，这要依赖于后期挤压实验过程对实验挤压工艺参数的调整，这些工艺参数包括挤压力、挤压速率及模具结构等。调整合适的挤压工艺有利于浆料内部固液协同、挤压组织均匀；一般来说，当这种工艺条件误差过大，不仅对挤压设备损害严重，且挤压铸件质量差。

本节主要研究不同制浆工艺参数对半固态 ZCuSn10 铜合金挤压铸件微观组织的影响，并分析 ZCuSn10 合金充型过程的流动变形机理。

7.3.1 挤压力对半固态挤压铜合金组织的影响

在满足试验条件前提下，应尽量节约试验成本，模具材料选用 40Cr，该材料的强度不适合高挤压力成形，因此需要设置合适的挤压力。这种挤压力第一要满足浆料完全充型条件，第二要避免损坏实验设备；当挤压力过低，高黏度的半固态浆料不易充型，铸件内部易形成较大的缩孔、缩松，致密度差；当挤压力过大，缩松、缩孔形成概率降低，但颗粒粘连概率提高，挤压铸件组织不均匀、性能降低且容易损坏模具，降低模具的使用寿命。

图 7.12 所示为复杂结构模具半固态 ZCuSn10 合金挤压后靠近压头典型部位 I 的微观组织。模具浇道直径为 $\phi25mm$、预热温度为 400℃、挤压速度为 15mm/s、挤压温度为 920℃、保温时间为 90min、轧制预变形量为 17%。从图 7.12（a）看出，当挤压力为 90T 时，典型部位 I 的固相颗粒圆整度高、相邻两固相晶粒无缠结现象、组织均匀、晶界清晰，但浆料在型腔内充型不完全，致密度不高；当挤压力提高到 120T 时，固相晶粒圆整度下降、晶界不清晰，这是因为提高挤压力使部分相邻固相颗粒发生接触流动，最终挤压组织较均匀（见图 7.12（b））、致密度高、充型较好。这些现象表明 90T 的挤压力过小会影响浆料的充型能力，降低组织致密度，影响铸件力学性能，挤压力提高到 120T 虽然有部分固相组织发生碰撞黏结，但合适的黏结程度有利于提高组织的致密度从而增强半固态铜合金的强度，当挤压力超过 120T 时会使固相碰撞黏结加重，组织内部应力增加，容易出现开裂，从而降低合金的综合性能。

可见，不同挤压力形成的挤压铸件微观组织差异很大，其原因归纳为：半固态 ZCuSn10 合金本身处于高固相合金（最高液相率不超过 30%），对于高固相率半固态 ZCuSn10 合金进行挤压成形时，由于液相率低，挤压过程使初生 α 相合并长大的固相颗粒数量增多，相邻固相颗粒容易相互接触缠结流动形成固相团簇，这些固相团簇阻碍了其上端浆料液相的流动，并改变了液相流动方向，液相流动方向由原来平行与压应力方向变成垂直于压应力方向，最终大部分液相由内向型腔流动并凝固成形，少部分被封闭在固相颗粒的堆垛间隙中变成孤立相。如果挤压过小这些液相凝固收缩无补充便容易形成缩松、缩孔，由于这些液相孤立而不连通，形成的缩松、缩孔也会孤立分散存在、不相连接；如果提高半固态浆料的挤压力，使互相接触缠结的半固态固相颗粒发生整体流变，分散的液体收缩可以通过相邻固相的流变而补充，最终减少或消除缩孔、缩松，从而提高试样的致密度以改善挤压件的内部质量。同时，流变浆料浇入模具型腔后这段时间内，浆料受到激冷后过冷度提高，初生 α 相晶核数增加且快速长大并与型腔接触的浆料形成晶壳。当凸模对浆料加压时，压头接触的那部分浆料瞬间也受压头激冷形成晶壳并随后破碎，与型腔接触的晶壳也开始从上部到下部发生破碎，提供了较多的核心，随着凸模下行浆料开始流动。压力增加间接使浆料流动速度增加，液相原子由内向模具型腔扩散速度加快，初生 α 相沿平行于压应力方向生长。增加压力间接提高浆料流动速率，缩短了凝固成形时间，减小了液-固两相由于变形应力差不同而形成的流动速度差，提高了固-液两相协同流动，使挤压组织更加均匀，如图 7.12（b）所示。当压力过大时，固相接触缠结区数量变多、尺寸变大，极

(a)

(b)

图7.12 不同挤压力下典型部位 I 的微观组织

(a) 90T; (b) 120T

大地降低了整体浆料的流动性，影响成形铸件质量，且当载荷超过预定挤压力时，浆料容易与模具型腔粘连牢固，增加了脱模困难程度，同时也容易损坏模具，降低模具的使用寿命。

7.3.2 挤压速率对半固态挤压铜合金组织的影响

在普通挤压成形生产中，半固态浆料自身在充型流动过程中如凝固成形过程时间越长，内部浆料固-液两相协同流动条件要求越高，越容易使内部固相或液相组织发生大面积聚集。适当提高挤压速率可缩短铸件凝固成形时间，降低内部组织偏析，提高液-固两相协同，最终得到组织均匀的成形件；挤压速率过大也容易使浆料发生喷溅，脱模困难。

图7.13所示为复杂结构模具半固态 ZCuSn10 铜合金挤压后靠近压头典型部

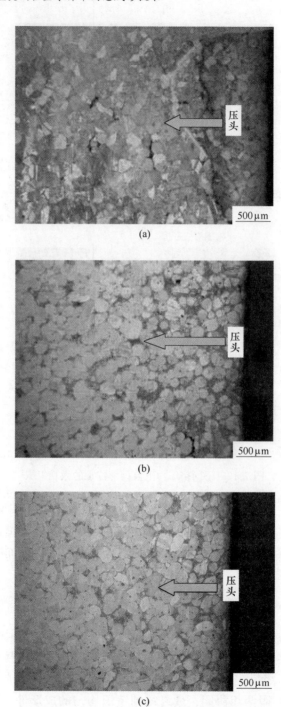

图 7.13   不同挤压速率下典型部位 I 的微观组织

(a) 10mm/s；(b) 12.5mm/s；(c) 15mm/s

位Ⅰ的微观组织。模具浇道直径为 φ25mm、预热温度为 400℃、挤压温度为 920℃、保温时间为 90min、轧制预变形量为 17%、挤压力为 120T。

从图 7.13（a）看出，当挤压速度为 10mm/s 时，典型部位Ⅰ的液相率低、固相缠结严重，部分组织有空洞裂纹；当挤压速度提高到 12.5mm/s 时，液相率增高，缺陷得到改善，但固相仍缠结严重（见图 7.13（b））；当继续提高挤压速度到 15mm/s 时，液相继续提高，组织更加均匀。

液相率随挤压速率提高而增加的原因是典型部位Ⅰ接近压头，位置在模具的最上端，在挤压力下液相由于内摩擦力小于固相晶粒之间的内摩擦力，流动过程阻力小，在较慢的挤压速率下，液相有足够的时间先于固相流动到模具型腔底部，增加挤压速率会使这种液相先于固相流动的时间减短，因而在原始组织液相率一样时，典型部位Ⅰ在较慢的挤压速率会得到液相率较低的挤压组织。

7.3.3 模具结构对半固态挤压铜合金组织的影响

半固态浆料是一种高黏性浆料，其黏度比液态金属高，但却跟液体相似，具有一定的流动性且方便控制；流动应力比固态金属低，因而在不同结构模具中受压应力作用流动规律有差别，内部液-固变形机制差异大。

图 7.14 所示为复杂结构模具半固态 ZCuSn10 合金挤压后靠近压头典型部位Ⅰ的 100 倍微观组织。挤压工艺参数为：模具预热温度 400℃、挤压速度 15mm/s、挤压温度 920℃、保温时间 90min、轧制预变形量 17%、挤压力 120T。从图 7.14（a）看出，组织比较均匀、液相率低；从图 7.14（b）看出，液相率较高、组织均匀；从图 7.14（c）看出，液相率相对较高、组织不均匀、固相圆整度低。

出现以上挤压组织的原因是：当复杂结构模具浇道直径为 18mm 时，由于口径太小，固相通过浇道的阻力增加，使固相在典型部位容易发生碰撞黏结变形，但由于液相内摩擦力小，这种阻力对液相形成的影响低，因而液相仍保持原来的速度通过浇道对模具型腔进行充型；当浇道直径增大到 25mm 时，这种阻力会下降，固相通过浇道的能力增加，固-液协同流动较好，使组织趋于均匀；当浇道直径过大达到 40mm 时，这种阻力进一步减小，固相通过浇道的能力也进一步增加，但由于浇道过大会使挤压成型充型时间较少，固相由于重力的原因部分先于液相在型腔底部成型，使滞后的液相出现聚集位于典型部位Ⅰ。

7.3.4 铸造充型过程中铜合金半固态坯料变形机制的分析

半固态挤压成形过程中，合金浆料受压应力流动过程主要发生 4 种变形机理[84-85]：液相流动变形、液-固混合流动变形、固相粒子间的滑移流动变形和固相粒子的塑性变形。这 4 种变形机制的形成主要由半固态合金中该部位的固相率大小决定。例如 Gleeble 单向压缩试验变形过程中，当液相分数较高时，液相

(a)

(b)

(c)

图7.14 不同浇道直径下典型部位 I 的微观组织

(a) 18mm；(b) 25mm；(c) 40mm

能够完全包裹近球形固相粒子，使每个固相粒子之间接触概率降低，挤压流动过程以液相流动为主，液相受固相团聚阻碍，流动方向从中心部位向两边扩展，即流动方向与压应力法线方向平行；分离开的固相粒子继续接触形成大尺寸团聚，沿着压应力方向继续移动，增大了浆料内部液-固两相的分离，固相团簇在浆料中心聚集，液相流动到型腔外围。随着浆料受压应力作用变形，使浆料内部的液相率越来越低，发生团聚固相随液相一起流动，固相团簇尺寸开始变大，方向不仅沿压应力的方向移动，还会垂直于其法线方向移动，流动变形抗力增加。随着内部液相分数的降低，各部分固相团簇相互接触，在挤压过程中，大尺寸固相团簇沿晶界克服大固相粒子间的摩擦力及模具型腔的约束滑移流动，所需要的变形抗力进一步加大，当液相分数很低时，浆料内部固相已经没有足够空间滑移流动，受压应力作用会造成固相粒子的塑性变形。

图 7.15 为不同温度下半固态 2CuSn10 合金挤压后的微观组织。由图 7.15（a）可知，在 920℃下挤压，铸件各部分固相颗粒均为液相包裹着的等轴晶，液-固分布较为均匀，只有少部分液相或固相出现偏析。由图 7.15（b）可知，在 930℃下挤压，挤压变形后的试样组织也较为均匀，但组织内部由大量的树枝晶组成，外部组织则由等轴晶与树枝晶共同组成。说明在 930℃时，浆料液相率过高，在挤压过程浆料流动变形主要以液相流动变形为主，固相则由液相卷带流动变形，流动过程中液相低于合金液相线温度以下时开始凝固出现初生 α 相；在过冷条件下，930℃挤压组织最终凝固形成大量树枝晶组织。外部浆料由于接触型腔受到激冷形成晶壳，在压应力作用下这些晶壳发生破碎提供形核核心，晶核发生合并长大后得到等轴晶，因此铸件微观组织外层不仅存在树枝晶，还可得到少部分等轴晶组织，均匀分散在树枝晶晶臂间隙中。

在简单结构模具中可挤压得到均匀的微观组织是因为试样内部受到压应力的作用，使液相包裹着固相向外层流动，受到模具外壁阻碍，外层金属流速减慢、凝固加快、热量损失严重。随着挤压的进行，温度不断从外层降低传到内层，使内层液态不断凝固减少，由于液相和固相在挤压下摩擦力不一样，液相率摩擦力小，流动速度相对较快，因而向外跑动加快。固相颗粒变形抗力及其颗粒相互之间摩擦力大，挤压时从里到外运动速度落后于液相，但由于液相受到温度较低的模具作用，导致热量损失快使其凝固，因而流速也会降下来，最终使内部的组织中出现液-固两相比较均匀分布的状况，但局部出现液相的偏析和固相的团聚，且部分固相看不到明显的晶界，这解释了若模具温度能够与挤压坯料相同，在坯料及模具整体上能够等温条件下挤压，可使浆料流动路线更加规律，从而容易分析缺陷的产生。

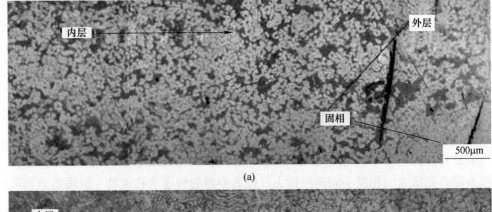

(a)

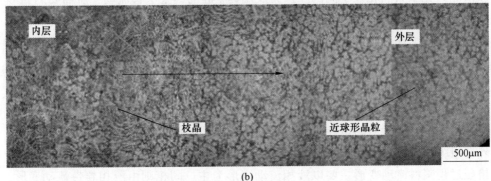

(b)

图 7.15 不同温度下半固态 ZCuSn10 合金挤压后的微观组织
(a) 920℃；(b) 930℃

图 7.16 (a) 为复杂结构模具在加热 920℃、保温 90min、挤压力 120T、挤压速率 15mm/s、直径 25mm、轧制变形量 17% 的挤压成形后靠近压头位置试样上端到模具上型腔底部的微观组织，图 7.16 (b) 为宏观铸件相应的位置。由图 7.16 可知，挤压变形后组织存在明显的差异，主要表现为液相多分布在边缘部位，且局部含有高液相区，中间则为高固相区，液相率几乎为零。

存在以上现象的原因是：(1) 挤压变形过程中，浆料开始受压应力作用发生流动，大部分固相颗粒在挤压力下由于重力作用先于液相流动，滞后少量的液相因凝固偏析形成高液相区域；(2) 浆料由于受挤压力的过程中同时受到模具型腔底部反作用力的阻碍作用，前端受挤压力的固相流动速度快，接近型腔底部受阻碍力增强使速度减缓，这种前后速度形成的快慢矛盾导致了在中间区域固相颗粒发生塑性碰撞而变形，形成高固相区（见图 7.16 (a) 3 区）；(3) 高固相区域进一步阻碍了前端滞后的高液相区（见图 7.16 (a) 方框内 1）的液相流动，液相由于内摩擦力小，在受挤压力和高固相区阻力两种互相反方向力作用下，液相向两端流动，最终沿着模具外壁流动形成液相通道（见图 7.16 (a) 中1 区和 2 区的箭头）。

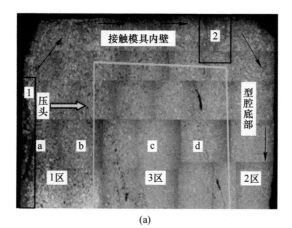

(a)

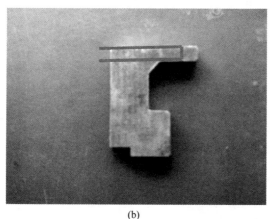

(b)

图7.16 半固态 ZCuSn10 合金 920℃挤压后接近压头微观组织（a）及其铸件对应位置（b）

图7.17为图7.16对应4种典型部位 a、b、c、d 的100倍微观组织，由图看出，从部位 a 到部位 d 液相率依次减少，固相黏结程度增加，其中固相率分别为80%、86%、90%、94%，表明从部位 a 到部位 d 发生了4种变形机制，进一步验证了高固相率合金半固态挤压固-液流动机理。

图7.18（a）（b）为浇道组织组合图，图7.18（c）为宏观铸件相应位置。从图7.18（a）中看出，位于浇道上端的组织液相率低，接近为零，中间有大量裂纹，浇道末端空洞周围有大面积液相组织出现；图7.18（b）为浇道外侧微观组织拼图，从图中看出浇道外上端部位到浇道下端部位均有少量的液相出现，浇道外侧上端液相低于浇道末端。图7.19（a）（b）分别为浇道中间和外侧典型部位100倍的微观组织，从图中看出，两组图原始固相颗粒晶界完全消失，图7.19（a）固相团聚严重，团聚固相内部有少量的液相存在，且被固相完全隔离；图

(a)

(b)

(c)

(d)

图 7.17 图 7.16 4 个典型部位的 100 倍微观组织图

7.19（b）固相晶界也完全消失，表明两个部分都发生塑性流动变形，但图 7.18（b）固相内部液相率较大。

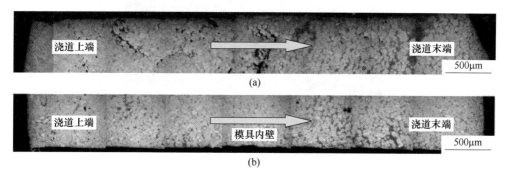

图 7.18 浇道组织拼图

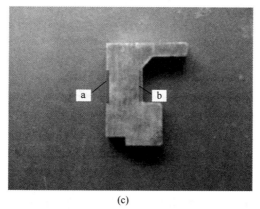

图 7.18 浇道组织拼图
（a）浇道中间；（b）浇道外侧；（c）宏观铸件相应位置

图 7.19 浇道典型微观组织
(a) 浇道中间；(b) 浇道外侧

  以上说明浆料在浇道流动的规律是：（1）浆料从模具上型腔进入浇道后，液相由于内摩擦力小先于固相流动通过浇道，在浇道末端聚集大面积的液相，这些液相准备进入模具下型腔；（2）由于滞后的固相在没有液相包裹的情况下受挤压力作用继续向前流动容易发生碰撞黏结，当这种碰撞黏结使应力达到一定局限时会产生开裂出现裂纹，部分凝固后的固相颗粒由于受高速流动的液相冲击力作用也会提高流动速度，当滞后的固相颗粒不能补充这些随液相高速流动的固相颗粒原始位置时就会出现空洞的发生，同时无真空挤压过程带入的气体也会形成空洞，液相由于先于固相流动会趋向于填充这些空洞，因而在空洞周围形成大面积的液相组织；（3）由于固相黏结使少量滞后的液相发生横向流动到浇道外侧而成形，同时固相黏结成形时间不一样，末端较晚，且末端液相率最高，因而在浇道外侧末端的液相也最高。

从图7.20看出，在模具底部，型腔铸件微观组织的液相率相对于铸件其他地方要高，且液-固组织各处均匀、液相率大小相近，在模具底端液相率相对较高。综合以上铸件各部位液-固流动情况得出铸件底部液相率高于上型腔液相率，液相率最小的部位为模具浇道，而各部位与模具内壁型腔接触的组织其液相率最高，模具底端挤压微观组织这种差别缩小。

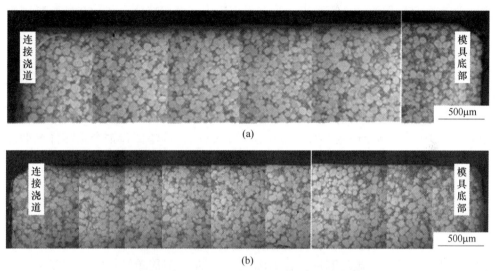

(a)

(b)

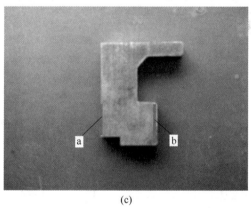

(c)

图7.20 浇道组织拼图

(a) 浇道中间；(b) 浇道外侧；(c) 宏观铸件相应位置

由此可知，浆料在整个有浇道结构模具中的流动规律是：（1）浆料浇入模具上型腔后，在凸模下降过程未接触浆料施加挤压力之前，浆料由于受重力作用向下流动，通过浇道时，固相由于黏性高、流动变形抗力大，因而搁浅在浇道上端停止流动，分离了浆料上端与下端的液相成分，下端液相由于变形抗力小，继续受重力作用流动到模具底端凝固成形，但由于固相密度大于液相，未挤压时在重力作用下比液相流动速度快，因而下端流动到模具底部的液相率较少；（2）凸模接触浆料开始挤压时浆料总体液相率高，液-固两相协同流动，得到均匀的挤压组织，浆料受压应力作用继续流动，由于液相流动变形抗力小于固相，液-固两相开始分离，固相开始接触缠结整体流动，隔离了浆料上下液相，使液相开始向模具型腔流动，流动方向垂直于压应力，液相部分一部分在型腔凝固成形，另一部分沿着型腔流动到模具底部，这时模具底部液相率大量增大，与模具型腔接触的液相率局部提高，铸件内部由于固相接触缠结整体流动使固相率升高，受模具浇道阻碍，固相最终聚集在浇道处停止，在压应力作用下位错及应力增大，当这种应力过大时，出现开裂。

在误差允许的范围内，经测试后，工艺条件为：加热 920℃、保温 90min、挤压力 120T、轧制变形量 17%、挤压速率 15mm/s。简单圆盘铜合金零件典型部位 a、b、c（见图 7.21）在载荷力为 612.9N、压头钢球为 $4d_{2.5mm}$ 的布氏硬度 HBW 分别为 140.8、148、146，硬度相近，表明其力学性能相近，进一步证明了合金充型过程中液-固两相协同流动可得到均匀组织。在该温度下有浇道结构模具从靠近压头到浇道再到模具底部几个位置的布氏硬度 HBW 分别为 120.4、132、100，硬度差别较大，表明复杂铜合金零件挤压组织各个部位浆料流动差异很大，组织不均匀。硬度测试位置如图 7.22 所示，但简单结构零件和复杂结构零件各个部位相比铸态硬度都要高。

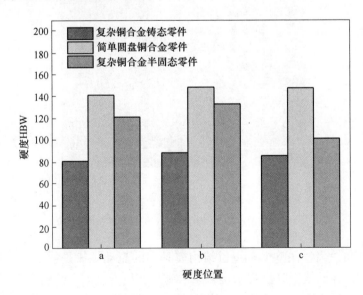

图 7.21 典型位置处的硬度

综合以上可知，ZCuSn10 铜合金半固态挤压成形液-固协同流动受工艺参数影响较大,虽然各个零件部位存在成形缺陷,但在实际成形中可以通过改变工艺来减少成形件内部的缺陷问题。液态金属浇注成形由于流动自然只受模具形状的影响,生产中一旦形成浇注缺陷问题比较难解决;而在材料科学领域中,组织直接影响合金的性能。通过以上不同结构模具和不同工艺的微观组织分析得出:无浇道结构模具结构简单、浆料流动方向单一、受力均匀,可以得到组织均匀的成形铸件,因而铸件各个部位力学性能相近,这种性能规律符合商业生产零件条件的需求。有浇结构模具由于各部分的组织差异很大,导致其力学性能差异也大,这种差异是由组织内部固-液两相分布不均匀决定的,模具浇道内部固相率最高,流动机制为固相粒子间的滑移,位错及应力最大、裂纹最多,且浇道在整个模具中尺寸最小、浆料致密度最高,从而硬度最大,降低了铸件韧性。铸件靠近压头部位(上型腔)的浆料流动主要以液-固协同流动为主,组织较均匀,为典型的半固态组织,强度高、韧性好、硬度适合,内部虽有近球形固相颗粒,但硬度低于模具底部的铸件组织,这是由于底部液相率过高凝固成网状树枝晶结构,这种网状组织增大了合金的硬度,且液相凝固过程容易使组织硬化,进一步增大了该部位的硬度。但完全由初生 α 相组成的固相组织硬度,其硬度要比初生 α 相和 α+δ 共析体组成的树枝晶高,这是因为 α+δ 共析体熔点较低、较软,因而底部组织硬度要低于浇道内部组织,半固态组织中由于初生 α 相细化,得到近球形的固相颗粒组织,网状结构被破坏,硬度进一步降低,韧性及强度提高。

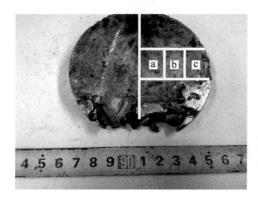

图 7.22 铜合金零件硬度测试位置

总之,在半固态挤压成形中,同等参数下挤压,半固态浆料在简单结构模具中容易充型、流动方向单一、固-液两相协同流动性较好、铸件组织比较均匀;复杂结构模具浆料受力复杂、流动方向不单一、流动过程受型腔阻力大使浆料内部固相流动变形抗力大于简单结构模具、液固两相容易分离、固相聚集区应力过大容易开裂、液相聚集区收缩率大容易出现夹杂、缩松缩孔,导致铸件质量差。因此选择合适的挤压参数能够降低固-液分离现象,提高铸件组织,最终得到性能优良的成形铸件。

7.4　热处理工艺对 ZCuSn10 合金半固态挤压组织的影响

通过不同的工艺参数得到铸件挤压组织差异较大，但流动规律基本一致，流动过程组织的差异主要以固相率差异为特征，特别是有浇道结构模具，其铸造充型过程浆料流动机理同时存在 4 种变形机理，即液相流动、液-固混合流动、固相粒子间滑移和固相粒子塑性形变，得到的组织难以均匀，影响力学性能。

金属热处理是在固相线温度以下，选择一定的加热温度和保温时间，冷却使金属或合金内部微观组织发生改变，消除应力，提高性能。不同热处理工艺影响材料的微观组织和力学性能不同，因而选择合适热处理工艺非常必要。本节将铸态与半固态相比较，结合金相光学显微镜、扫描电镜（SEM）等方法研究 ZCuSn10 合金在不同热处理工艺下的微观组织并测试其力学性能，并与热处理前试样组织及性能对比，分析热处理工艺对 ZCuSn10 合金半固态挤压组织及性能的影响。热处理工艺包括不同热处理温度、不同热处理保温时间、不同热处理冷却方式，其中热处理挤压组织金相取样位置为固相塑性变形区，具体位置如图 7.23 所示。

图 7.23　红线处为热处理取样位置

7.4.1　热处理温度对 ZCuSn10 合金半固态挤压组织的影响

半固态合金的力学性能主要取决于它的初生相细化程度和固相颗粒的圆整度大小，不同热处理温度下可以改变材料的显微组织和力学性能，这说明热处理改变了组织内部初生相的分布。铜合金热处理温度有效范围为 625～725℃，金属合金试样一般热处理方式为以每增加 100mm 有效厚度，保温时间增加 2h。有效厚度是指直接影响试样性能的厚度，不规则形状试样以平均厚度为试样有效厚度。试验中试样尺寸大小为 φ7mm×90mm，分别设定加热温度为 660℃、690℃、720℃，保温时间为 100min，进行热处理的坯料由复杂模具结构铸件提供，其参数分别为：温度 920℃、保温 90min、挤压力 120T、挤压速度 15mm/s、轧制变形量 17%。

　　图 7.24（a）为未热处理之前铸件 100 倍的微观组织图，从图 7.24（a）中看出，挤压组织固相颗粒从制浆时独立完整近球形状的颗粒变成团聚状结构，晶界不清晰，少量液态组织分布在团聚的固相间隙内；图 7.24（b）为经过热处理温度 660℃、保温 100min 并水淬的组织，660℃热处理后，团聚的固相开始分离，但晶界仍不清晰，此时颗粒尺寸大小和形状因子无法计算；继续使温度提高到 690℃时，团聚的固相完全分开，晶界清晰，得到圆整度高、均匀的半固态挤压组织，其中固相晶粒尺寸大小为 110μm，形状因子为 0.78；继续提高温度到 720℃时，得到的热处理组织特征为包裹着固相颗粒的液相率增多，平均颗粒直径大小不变，形状因子减小，由 690℃时的 0.78 变为 0.46，组织不均匀，表明 ZCuSn10 合金在 690℃热处理时组织改善比较好，容易消除组织内部应力。

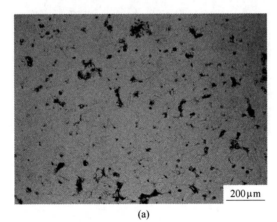

200μm

(a)

200μm

(b)

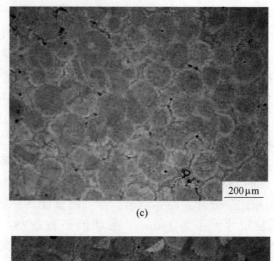

(c)

(d)

图 7.24　不同加热温度下保温 100min 的微观组织

(a) 未热处理；(b) 660℃；(c) 690℃；(d) 720℃

7.4.2　热处理保温时间对 ZCuSn10 合金半固态挤压组织的影响

图 7.25 (a) 为热处理之前组织，图 7.25 (b)～(d) 分别为热处理工艺在加热 690℃，保温 35min、100min、200min 的微观组织。由图 7.25 看出，未热处理之前组织半固态特征不明显，固相团聚严重，经保温 35min 后，挤压组织固相团聚开始分离，但由于保温不足分离不明显，晶界不清晰（见图 7.25 (b)），平均粒径和形状因子无法计算；延长保温时间到 100min 时，组织内部晶界清晰，得到细小均匀、固相颗粒圆整高的挤压组织（见图 7.25 (c)）；延长时间到 200min，组织局部出现蔷薇状细小固相颗粒，形状因子接近零，组织不均匀，表明 ZCuSn10 合金在 100min 热处理时组织改善比较好，容易消除组织内部应力。

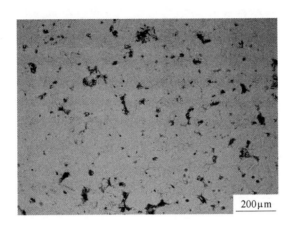

(a)

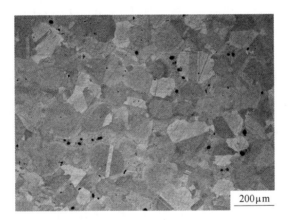

(b)

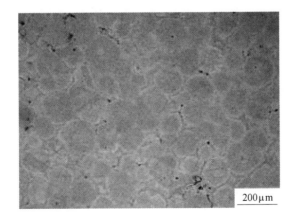

(c)

(d)

图 7.25　热处理在加热 690℃下不同保温时间的微观组织

（a）未热处理；（b）35min；（c）100min；（d）200min

7.4.3　热处理冷却方式对 ZCuSn10 合金半固态挤压组织的影响

图 7.26（a）为热处理之前组织，图 7.26（b）~（d）分别为热处理工艺在加热温度为 690℃、保温为 100min 后不同冷却方式下 ZCuSn10 合金的微观组织。从图 7.26（b）~（d）看出，热处理后不同冷却方式的组织差异很大，其中热处理后空冷组织固相颗粒圆整度相对较高，晶界清晰，固相间隙内析出的液相较多；水冷组织部分仍有固相缠结，相邻固相间距小；炉冷组织晶界清晰，但固相颗粒圆整度降低，尺寸变大，相邻两固相之间重新缠结、团聚，表明 ZCuSn10 合金在热处理为 690℃、保温为 100min 的空冷下有利于改善组织，消除应力。

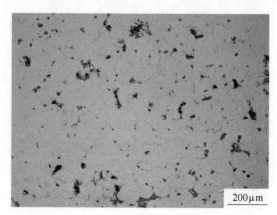

(a)

图 7.26　不同冷却方式下加热 690℃、保温 100min 的微观组织

(a) 未热处理；(b) 水冷；(c) 空冷；(d) 炉冷

7.4.4　热处理影响组织机理分析

由 Cu-Sn 二元相图可知，未热处理铸态 ZCuSn10 合金枝晶组织由 α 固溶体与 α+δ 共析体组成。α 相是锡溶于铜中的置换式固溶体，为面心立方晶格。δ 相是以电子化合物（$Cu_{31}Sn_8$）为基体的固溶体，α+δ 共析体被包围在 α 树枝状晶体的间隙中。枝晶 α 相 Sn 元素质量分数仅为 7.63%，其理论熔点接近 900℃，是组织中的高熔点相，α+δ 相 Sn 元素含量明显高于枝晶 α 相，质量分数达到 28.54%。在枝晶 α 相与 α+δ 相组织连接处存在 Sn 元素的过渡区域，Sn 质量分数为 15.79%，Sn 元素含量较高，升温首先熔化。以上分析表明，ZCuSn10 合金中通过 Sn 元素可以使 α 相与 α+δ 相互相转换，使组织发生变化，这是半固态流变浆料重熔后得到近球形组织的机理。

挤压半固态组织经处理后组织变化明显，不仅改善了原始塑性变形形成的固相团聚结构，且热处理结束最终球化效果好，参考铜合金重熔球化机理的分析，热处理后半固态 ZCuSn10 合金挤压组织的变化可能也是 Sn 元素分布差异引起的，下面通过铸态和挤压半固态热处理后 SEM 组织的对比并结合 EDS 进行分析。

图 7.27（a）为铸态热处理之后的 SEM 图，热处理工艺为加热 660℃、保温 100min 后水淬，从图 7.27（a）看出，铸态组织经过热处理之后其原始树枝晶形状变成蔷薇状，蔷薇状组织结构由灰色状的 Cu 元素及白色状的 Sn 元素组成；图 7.27（b）为其相应的能谱点扫位置，在如图中依次测试 4 个点的元素含量，分别得到如图 7.28 所示的能谱图。

由图 7.28 能谱图可知，组织内部除含有杂质元素 Pb 外（第一点），该 ZCuSn10 合金只含 Cu 和 Sn 两种元素，且各个部位 Cu 和 Sn 的含量差异很大，这主要表现在液相和固相中的 Cu、Sn 元素分布比差异，表明在热处理过程中 ZCuSn10 合金组织确实发生了相变，第一点到第三点（由 α+δ 相经两相过渡区到

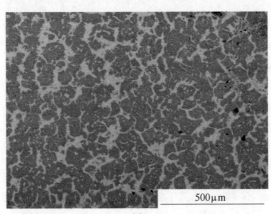

500μm

(a)

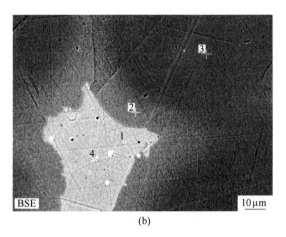

(b)

图 7.27 铸态热处理组织（a）及能谱点扫位置（b）

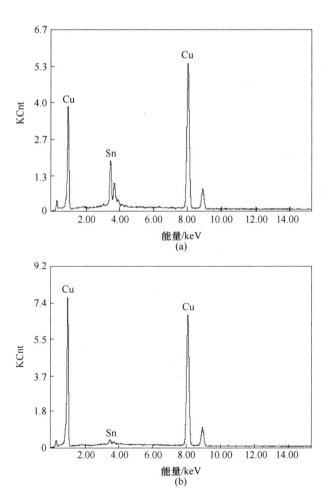

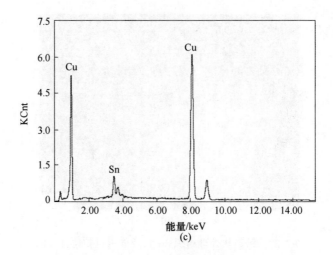

图 7.28　铸态能谱图

(a) 图 7.27 中点 1；(b) 图 7.27 中点 2；(c) 图 7.24 中点 3

α 相）Sn 含量质量比分别为 27.99%、15.60%、4.95%，Sn 含量质量比依次降低（见表 7.1）。由于铸态原始枝晶组织由 Sn 在 Cu 中的固溶体 α 相和枝晶之间的灰色组织 α+δ 共析体组成。经热处理后，共析体 α+δ 相中 δ 相析出 Sn 元素，使共析体发生相变，消除了枝晶，得到以 α 相为主的近似等轴晶结构组织，有利于合金性能提高。

图 7.27 中 3 个点的 EDS 分析见表 7.1。

表 7.1　各点的质量分数和摩尔分数　　　　　　　　　　（%）

元素	点 1		点 2		点 3	
	质量分数	摩尔分数	质量分数	摩尔分数	质量分数	摩尔分数
Sn	27.99	17.22	15.60	9.00	4.95	16.58
Cu	72.01	82.78	84.40	91.00	72.93	83.42

图 7.29 （a）为半固态热处理之后的 SEM 图，热处理工艺为加热 660℃、保温 100min 后水淬，从图 7.29 （a）看出，半固态组织经过热处理之后固相颗粒圆整度提高；图 7.29 （b）为其相应的能谱打点位置，在如图中依次测试打两个点，分别得到如图 7.30 所示的能谱图，其中 1 点和 2 点 Sn 的质量分数分别为 27.07% 和 4.93%（见表 7.2），表明也发生了相变，相变原理与铸态相同，共析体 α+δ 相析出 Sn 元素，使等轴晶进一步球化，圆整度提高。

综上所述，热处理之后，组织内部的元素质量分数发布发生明显改变，其中 Sn 含量的析出大小影响铸态枝晶变成等轴晶的量及半固态等轴晶圆整度的大小。

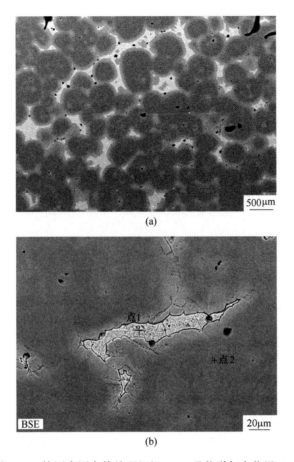

(a)

(b)

图 7.29　挤压半固态热处理组织（a）及能谱打点位置（b）

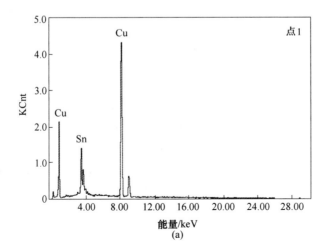

(a)

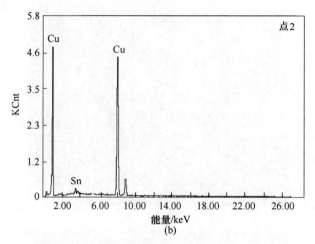

图 7.30　半固态能普分析结果

表 7.2　各点的质量分数和摩尔分数　　　　　　　　　　　（%）

元素	点 1		点 2	
	质量分数	摩尔分数	质量分数	摩尔分数
Sn	27.07	16.58	4.93	2.70
Cu	72.93	83.42	95.07	97.30

7.5　半固态铜合金力学性能特征

7.5.1　铸态及半固态铜合金力学性能

　　液态成形铸态、重熔半固态、挤压半固态及热处理挤压半固态 4 种形态的 ZCuSn10 合金应力-应变曲线如图 7.31 所示。由图 7.31 可知，在拉伸操作误差允许范围内，不管是铸态还是半固态，未热处理之前的 ZCuSn10 合金韧性都较差，弹性变形区短；不均匀屈服塑性变形区只有一个小角度的弯角（曲线第一个弯角），塑性变形稳定较快，在拉应力继续作用下组织硬化开裂直至完全断裂；其中铸态、半固态未挤压试样分别在 120MPa、90MPa 时开始发生塑性变形，半固态未挤压试样弹性区比铸态要短，塑性变形区则大于铸态试样，表明经半固态温度处理的坯料韧性增大了。经测试，铸态试样抗拉强度为 317.4MPa 重熔半固态试样抗拉强度为 344.5MPa。由于试样尺寸所限，单向拉伸试验平行段长度尺寸为 15mm，无法使用引伸计直接测量真实应变，可由单向拉伸试验结束后直接测量试样伸长量计算其延伸率。经过计算铸态试样延伸率为 15.8%、重熔半固态延伸率为 17.7%。半固态挤压后曲线弹性变形区和塑性变形区与以上两种形态差异较大，经测试挤压半固态抗拉强度为 211.9MPa、延伸率为 11.42%，抗拉强度和延伸率较小，这可能是挤压半固态受浆料流动变形影响，使组织不均匀，部分位置存在缺陷、空洞，应力较集中，拉伸试验过程在该部分容易断裂，无法实际表征挤压半固态的实际抗拉强度，需要对挤压铸件进一步热处理以改善性能。挤压半固态热处理后弹性变形区变长，塑性区变短，不均匀屈服塑性变形区基本消失，合金强度和韧性得到明显提高，其抗拉强度为 328.1MPa、延伸率为 16%。表明热处理确实使 ZCuSn10 合金性能得到提高，这是由于热处理后组织发生了球化现象。

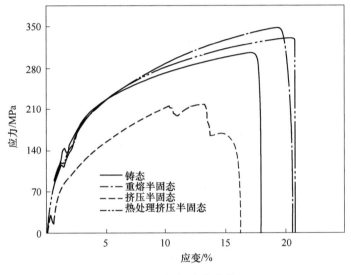

图 7.31　应力-应变曲线

7.5.2　拉伸断口分析

断裂是金属构件常见的一种现象，通过不同特征可将断裂划分成几种类型，在金属完全断裂之前以其应力-应变曲线塑性变形区的长短划分为韧性断裂和脆性断裂。韧性断裂与脆性断裂明显区别在于试样断裂之前是否发生明显的宏观塑性变形，韧性断裂在断裂前塑性变形较明显，塑性变形区较长；脆性断裂在断裂前基本不发生塑性变形，变形区很短，断裂无过程、无征兆，在实际应用中危害性大于韧性断裂。通常脆性断裂收缩率小于 5%，塑性变形比较小。实验中可通过塑性变形量大小来判定金属材料是发生韧性断裂还是脆性断裂，通过环境及人为条件的改变，韧性断裂和脆性断裂也可以互相转换。在微观组织形貌中，通过裂纹的特征也可判定金属断裂所属的类型，最直观的方法为观察试样拉伸断口形貌。微观上一般脆性断裂表现为沿晶断裂或穿晶断裂，韧性断裂则为常温或低温下的穿晶断裂。沿晶断裂的裂纹核心是由于晶界上存在不连续的脆性第二相、夹杂物或杂质相在晶界偏聚，使晶界连续性发生破坏导致。部分情况下沿晶界断裂和穿晶断裂可以混合发生。

铸态、重熔半固态、挤压半固态和热处理挤压半固态拉伸断口扫描结果如图7.32所示。由图7.32（a）可知，铸态试样断口形貌中存在大量的粗大树枝晶，组织粗大，断口有裂纹，几乎没有韧窝，从而使其塑性变差；由图7.32（b）可知，重熔半固态试样没有粗大树枝晶，存在较多的韧窝，韧窝大小和深度不一，形成明显的河流花样韧窝形貌；由图7.32（c）可知，挤压半固态试样也存在大小和深度不一的韧窝，韧窝尺寸相对重熔半固态不均匀、深度较深；韧窝内部存在小空洞，这是挤压过程形成的缩孔；图7.32（d）为挤压半固态试样经690℃、保温100min空冷的拉伸断口形貌，经热处理后试样河流花样形貌消失，韧窝相比热处理之前变小、变浅，分布更均匀，但断裂部位仍有小尺寸孔洞，间接表明热处理并未完全改善组织内部的缺陷。

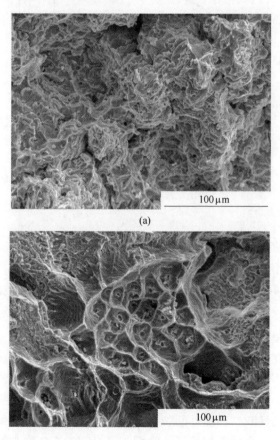

100μm

(a)

100μm

(b)

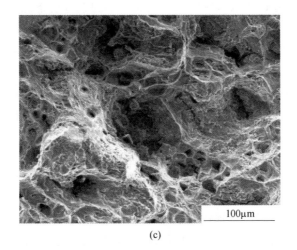

(c)

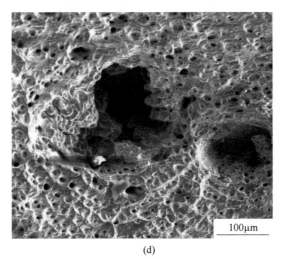

(d)

图 7.32 断口形貌

(a) 铸态；(b) 未挤压半固态；(c) 未热处理挤压半固态；(d) 热处理挤压半固态

以上断口形貌形成机理主要为：ZCuSn10 合金铸态组织由网状结构的一次枝晶和二次枝晶所组成，这些错乱的枝晶晶界阻碍了浆料流动，使流动凝固过程不规律，出现较多的位错和孪晶，同时凝固成形过程液相收缩率大，补缩要求高，容易形成缩孔、缩松，加上外界带入的非金属夹杂物使整体组织均匀性差、应力集中、缺陷多，进行拉伸时，断裂沿枝晶晶界、孪晶界、缩松、缩孔及非金属夹杂物等开裂并扩展，这是因为晶界处、缺陷区和夹杂物区拉伸过程滑移带不均匀滑移也会产生应力集中，这些因素在压应力达到合金屈服点后形成裂纹核心，在拉应力继续作用下，裂纹核心沿网状晶界扩展直至完全断裂，断裂得不到韧窝状形貌，如图 7.32（a）所示。坯料经轧制并在半固态温度下加热保温后，内部树枝晶网状结构被破坏，得到组织均匀且近球状的组织，由于半固态组织液相隔断了球状晶晶界，降低晶界处应力，拉伸变形过程受组织均匀、晶界隔断等原因使晶界无法生成裂纹核心，这时，拉伸过程应力只能集中在近球形固相粒子周围（三向应力），这是因为位错在滑移过程被拉应力推向固相颗粒界面，使界面首先开裂并不断扩大，而液相产生"内缩颈"，当缩颈达到一定程度被撕裂或剪切断裂会使空洞连接，从而形成均匀且明显的河流花样韧窝断口形貌，如图 7.32（b）所示。半固态挤压组织在变形流动过程由 4 种变形机理决定，形成的组织不均匀，得到的断口形貌各个部位差异大，一部分形貌得较浅的韧窝，另一部分形貌则为长条裂纹，这表明液-固协同流动即液相包裹着固相流动的部位组织与挤压前组织相同，拉伸断口得到较浅且均匀的韧窝形貌，固相接触、固相塑性变形流动的部位由于硬度高、脆性大，拉伸断裂为解理断裂，液相流动的组织形成树枝晶，其断裂机理与铸态相同，得到不均匀伴有长条裂纹且尺寸大、较深的韧窝形貌，如图 7.32（c）所示。经热处理后，由于组织得到改善，近球形组织增多，但尺寸较大缩孔仍存在，因而断裂形貌得到较浅、分布均匀的韧窝形貌，韧窝附近有少量缩孔存在，如图 7.32（d）所示。

参 考 文 献

［1］ 王强松. 铜及铜合金开发与应用［M］. 北京：冶金工业出版社，2013.

［2］ 谢水生. 铜及铜合金产品生产技术与装备［M］. 长沙：中南大学出版社，2014.

［3］ 郑峰. 铜与铜合金速查手册［M］. 北京：化学工业出版社，2008.

［4］ 刘平，任凤章，贾淑果. 铜合金及其应用［M］. 北京：化学工业出版社，2007.

［5］ Flemings M C. Behavior of metal alloys in the semi-solid state［J］. Metallurgical and Materials Transactions A，1991，22A（5）：957-981.

［6］ Cima M J，Flemings M C，Figueredo A M，et al. Semisolid solidification of high temperature superconducting oxides［J］. Journal of Applied Physics，1992，72（1）：179-190.

［7］ Spencer D B，Mehrabila R，Flemings M C. Rheological behaviour of Sn-15Pb in the crystallization range［J］. Metallurgical Transactions，1972，（3）：1925-1932.

［8］ 毛卫民. 半固态金属成形技术［M］. 北京：机械工业出版社，2004.

［9］ Decker R F. Magnesium Semi-solid Metal Forming［J］. Advanced Materials and Processes，1996（2）：41-42.

［10］ Yim C D，Seok H K，Lee J C. Semi-solid processing of magnesium alloys［J］. Materials Science Forum，2003（419/420/421/422）：611-616.

［11］ Haga T，Kapranos P. Simple rheocasting processes［J］. Journal of Materials Processing Technology，2002，130：594-598.

［12］ Jiang Q C，Wang H Y，Wang J G，et al. Effect of TiB_2 particulate on partial remelting behavior of Mg-11Al-0.5Zn matrix composite［J］. Materials Science and Engineering：A，2004（381）：224-230.

［13］ Hirt G，Dremer R，Witulski T，et al. Lightweight near net shape components produced by thixoforming［J］. Materials Design，1997（18）：315-321.

［14］ 孙国强. 半固态加工技术及其应用［J］. 稀有金属，2003，27（3）：382-384.

［15］ 罗守靖，姜巨福，杜之明. 半固态金属成形研究的新进展、工业应用及其思考［J］. 机械工程学报，2003，39（11）：52-60.

［16］ 朱鸣芳，苏华钦. 半固态等温热处理制备粒状组织 ZA12 合金的研究［J］. 铸造，1996（4）：1-5.

［17］ 赵祖德，罗守靖. 轻合金半固态成形技术［M］. 北京：化学工业出版社，2007.

［18］ 管仁国，马伟民. 金属半固态成形理论与技术［M］. 北京：冶金工业出版社，2005.

［19］ 康永林，毛卫民，胡壮麒. 金属材料半固态加工理论与技术［M］. 北京：科学出版社，2004.

［20］ 罗守靖. 半固态成形技术讲座［J］. 机械工人（热加工），2004（2）：60-62.

［21］ 唐靖林，曾大本. 半固态加工技术的发展和应用现状［J］. 兵器材料科学与工程，1998，21（3）：56-60.

［22］ Tzimas E，Zavaliangos A. Evaluation of volume fraction of solid in alloys formed by semisolid processing［J］. Journal of Materials Science，2000，35（21）：5319-5330.

[23] Mehrabian R, Riek R G, Flemings M C. Preparation and casting of metal-particulate non-metal composites [J]. Metallurgical Transactions, 1974, 5 (8): 1899-1905.

[24] 印飞, 王亦新, 洪慎章, 等. 半固态铸造铝合金材料的研究现状 [J]. 特种铸造及有色合金, 2000 (3): 44-46.

[25] 徐佩山, 朱鸣芳, 苏华钦. 国外半固态合金及复合材料成形技术发展概述 [J]. 江苏冶金, 1995 (4): 59-61.

[26] 肖文华, 刘允中, 刘丘林. SIMA 法工艺参数对半固态 5083 合金组织及成分偏析的影响 [J]. 特种铸造及有色合金, 2010, 30 (9): 823-826.

[27] Jiang J F, Lin X, Wang Y, et al. Microstructural evolution of AZ61 magnesium alloy predeformed by ECAE during semi-solid isothermal treatment [J]. Transactions of Nonferrous Metals Society of China, 2012, 22 (3): 555-563.

[28] Gan G S, Zhang L, Bei S Y, et al. Effect of TiB_2 addition on microstructure of spray-formed Si-30Al composite [J]. Transactions of Nonferrous Metals Society of China, 2011, 21 (1): 2242-2247.

[29] Dong J, Cui J Z, Le Q C, et al. Liquidus semi-continuous casting, reheating and thixoforming of a wrought aluminum alloy 7075[J]. Materials Science and Engineering A, 2003, 345(1/2): 234-242.

[30] Lin H Q, Wang J G, Wang H Y, et al. Effect of predeformation on the globular grains in AZ91D alloy during strain induced melt activation (SIMA) process [J]. Journal of Alloys and Compounds, 2007, 431 (1/2): 141-147.

[31] Flemings M C, Riek R C, Young K P. Rheocasting [J]. Materials Science and Engineering, 1976, 25: 103-117.

[32] Xing SM, Tan J B, Zhang L Z. Study on Key Problems on Industrializations of Semisolid Rheologic Forming Processes [J]. The 8th S2P International Conferences, 2004: 168-177.

[33] Young K P, Clyne T W. A powder mixing and preheating route to slurry production of semisolid diecasting [J]. Powder Metallurgy, 1986, 29 (3): 195-199.

[34] 李元东, 郝远, 阎峰云. AZ91D 镁合金在半固态等温热处理中的组织演变 [J]. 中国有色金属学报, 2001, 11 (4): 571-575.

[35] 苏华钦, 朱鸣芳, 高志强. 半固态铸造的现状及发展前景 [J]. 特种铸造及有色合金, 2002 (S1): 239-244.

[36] 管仁国, 李罡, 李俊鹏, 等. 倾斜式剪切冷却制备 1Cr18Ni9Ti 不锈钢半固态材料 [J]. 东北大学学报, 2005, 26 (9): 867-870.

[37] 谭建波, 李志勇, 王英杰, 等. 倾斜冷却剪切流变参数对半固态 AlSi9Mg 合金组织的影响 [J]. 中国有色金属学报, 2009, 19 (4): 607-612.

[38] Young K P, Kyonka C P, Courtois J A. Fine grained metal composition: US, 4415374 [P]. 1983-11-15.

[39] Binesh B, Aghaie-Khafri M, Shaban M, et al. Microstructural evolution and mechanical properties of thixoformed 7075 aluminum alloy prepared by conventional and new modified SIMA

processes [J]. International Journal of Materials Research, 2018, 20: 121-130.

[40] Hesam P, Mohammad S. Effect of SIMA process on microstructure and wear behavior of Al-Mg2Si-3% Ni Composite [J]. Metallography Microstructure and Analysis, 2019, 8: 109-117.

[41] Fan Z. Semisolid metal processing [J]. International Materials Reviews, 2002, 47 (2): 49-85.

[42] Kirkwood D H, Kapranos P. Semi-solid processing of alloys [J]. Metals and Materials, 1989, 5 (1): 16-19.

[43] Kirkwood D H. Semisolid metal processing [J]. International Materials Reviews, 1994, 39 (5): 173-189.

[44] Loue W R, Suery M. Microstructural evolution during partial remelting of AlSi7Mg alloys [J]. Materials Science and Engineering: A, 1995, 203 (1): 1-13.

[45] Chan Choi J, Jin Park H. Microstructural characteristics of aluminum 2024 by cold working in the SIMA process [J]. Journal of Materials Processing Technology, 1998, 82 (1): 107-116.

[46] Fan L L. Zhou M Y, Zhang Y W, et al. The semi-solid microstructural evolution and coarsening kinetics of AZ80-0. 2Y-0. 15Ca magnesium alloy [J]. Materials Characterization, 2019, 154: 116-126.

[47] Hesam P, Mohammad S. Effect of SIMA process on microstructure and wear behavior of Al-Mg$_2$Si-3% Ni composite [J]. Metallography Microstructure and Analysis, 2019, 8: 109-117.

[48] 陈国平, 周天瑞, 闫洪, 等. SIMA 法处理 AZ61 热、冷压形变及半固态等温组织的比较研究 [J]. 塑性工程学报, 2008, 15 (1): 112-117.

[49] Jiang J F, Xiao G F, Wang Y, et al. Microstructure evolution of wrought nickel based superalloy GH4037 in the semi-solid state [J]. Materials Characterization, 2018, 141: 229-237.

[50] 姜巨福, 彭秋才, 单巍巍, 等. 新 SIMA 法制备 AZ91D 半固态坯 [J]. 特种铸造及有色合金, 2005, 25 (12): 740-743.

[51] Jiang J F, Wang Y, Liu J, et al. Microstructure and mechanical properties of AZ61 magnesium alloy parts achieved by thixo-extruding semisolid billets prepared by new SIMA [J]. Transactions of Nonferrous Metals Society of China, 2013, 23 (3): 576-585.

[52] Jiang J F, Wang Y, Qu J J. Microstructure and mechanical properties of AZ61 alloys with large cross-sectional size fabricated by multi-pass ECAP [J]. Materials Science and Engineering: A, 2013, 560: 473-480.

[53] Ashouri S, Nili-Ahmadabadi M, Moradi M, et al. Semi-solid microstructure evolution during reheating of aluminum A356 alloy deformed severely by ECAP [J]. Journal of Alloys and Compounds, 2008, 466 (1): 67-72.

[54] Chen Q, Shu D Y, Hu C K, et al. Grain refinement in an as-cast AZ61 magnesium alloy processed by multi-axial forging under the multitemperature processing procedure [J]. Materials Science and Engineering A, 2012, 541: 98-104.

［55］ Yang X Y, Sun Z Y, Xing J, et al. Grain size and texture changes of Mg alloy AZ31 during multi-directional forging ［J］. Transaction of Nonferrous Metals Society of China, 2008, 18 （S1）: s200-s204.

［56］ Guo Q, Yan H G, Chen Z H, et al. Grain refinement in as-cast AZ80 Mg alloy under large strain deformation ［J］. Materials Characterization, 2007, 58 （2）: 162-167.

［57］ Han B, Xu Z. Microstructural evolution of Fe-32% Ni alloy during large strain multi-axial forging ［J］. Materials Science and Engineering: A, 2007, 447 （1）: 119-124.

［58］ Jamaati R, Amirkhanlou S, Toroghinejad M R, et al. Significant improvement of semi-solid microstructure and mechanical properties of A356 alloy by ARB process ［J］. Materials Science and Engineering: A, 2011, 528 （6）: 2495-2501.

［59］ 董传勇. 基于 SIMA 法的 AlSi30 合金半固态坯料复合制备技术研究 ［D］. 安徽: 合肥工业大学, 2011.

［60］ Zhilyaev A P, Nurislamova G V, Kim B K, et al. Experimental parameters influencing grain refinement and microstructural evolution during high-pressure torsion ［J］. Acta Materialia, 2003, 51 （3）: 753-765.

［61］ 谢建新. 材料加工新技术与新工艺 ［M］. 北京: 冶金工业出版社, 2004.

［62］ 王金国. 应变诱发法镁合金 AZ91D 半固态组织演变机制 ［D］. 吉林: 吉林大学, 2005.

［63］ Kenneth P Y, Peters Dale T. Copper alloy SSM casting: A developing technology for reducing the cost of copper alloy parts ［R］. US: Office of Technical Assistance, 2003.

［64］ 肖洪有. 弯管类黄铜压铸件的工艺设计 ［J］. 汽车工艺与材料, 2002 （12）: 13-14.

［65］ Peters D T, Cowie J G, Brush Jr E F, et al. Use of high temperature die materials and hot dies for high pressure die casting pure copper and copper alloys ［C］ // Trans of the North Amer. Die Casting Assoc. Congress, Rosemont, IL, 2002.

［66］ Lee S Y. Filling and solidification characteristics during thixoforming of copper rotor for the electrical motors ［J］. Solid State Phenomena, 2006, 116: 652-655.

［67］ 程琴, 郭洪民, 杨湘杰, 等. 半固态等温处理对 Cu-Ca 合金组织的影响 ［J］. 特种铸造及有色合金, 2012, 32 （3）: 243-246.

［68］ Yi H K, Moon Y H, Lee S Y. Cu-Ca alloy and thixoforming process design for high efficient rotor ［J］. Journal of the Korean Institute of Metals and Materials, 2007, 45 （5）: 315-320.

［69］ Yan G, Zhao S, Sha Z. Simulation of semisolid diecasting process of four-way valve of HPb59-1 alloy for air-conditioner ［J］. Transactions of Nonferrous Metals Society of China, 2010, 20 （s3）: 931-936.

［70］ Youn J, Kim Y. Application of semi-solid process for production of the induction motor squirrel cage ［J］. Solid State Phenomena, 2006, 116: 730-733.

［71］ Jia L, Lin X, Xie H, et al. Abnormal improvement on electrical conductivity of Cu-Ni-Si alloys resulting from semi-solid isothermal treatment ［J］. Materials Letters, 2012, 77: 107-109.

［72］ Wang K K. Semisolid forging electronic packaging shell with silicon carbon-reinforced copper composites [J]. Rare Metals, 2013, 32 (2): 191-195.

[73] 邵博, 刘德华, 朱良. QSn7-0.2 铜合金半固态挤压成形组织研究 [J]. 铸造技术, 2017, 38 (12): 2933-2935.

[74] Cao M, Zhang Q, Zhang Y. Effects of plastic energy on thixotropic microstructure of C5191 alloys during SIMA process [J]. Journal of Alloys and Compounds, 2017, 721: 220-228.

[75] Cao M, Wang Z, Zhang Q. Microstructure-dependent mechanical properties of semi-solid copper alloys [J]. Journal of Alloys and Compounds, 2017, 715: 413-420.

[76] Chen G, Zhang S, Zhang H, et al. Controlling liquid segregation of semi-solid AZ80 magnesium alloy by back pressure thixoextruding [J]. Journal of Materials Processing Technology, 2018, 259: 88-95.

[77] 姜巨福, 罗守靖. 半固态触变成形 AZ91D 镁合金卫星角框件 [J]. 特种铸造及有色合金, 2004 (4): 34-37.

[78] Guo H M, Luo X Q, Zhang A S, et al. Isothermal coarsening of primary particles during rheocasting [J]. Transactions of Nonferrous Metals Society of China, 2010, 20 (8): 1361-1366.

[79] 杜磊, 闫洪. 等温热处理对 AZ61 稀土镁合金半固态组织的影响 [J]. 材料研究学报, 2012, 26 (2): 169-174.

[80] 翟秋亚, 袁森, 蒋百灵. AZ91 镁合金的 SIMA 法半固态组织特征 [J]. 中国有色金属学报, 2005, 15 (1): 123-128.

[81] Chen C P, Tsao C A. Semi-solid deformation of non-dendritic structures-Ⅰ. Phenomenological behavior [J]. Acta Materialia, 1997, 45 (5): 1955-1968.

[82] 罗守靖, 孙家宽. LY12 合金半固态压缩变形机制研究 [J]. 科学通报, 1999, 5 (44): 545-549.

[83] 王佳, 肖寒, 吴龙彪, 等. 变形量对应变诱导熔化激活法制备 CuSn10P1 合金半固态组织的影响 [J]. 中国有色金属学报, 2014, 24 (6): 60-65.

[84] Tzimas E, Zavaliangos A. Mechanical behavior of alloys with equiaxed microstructure in the semisolid state at high solid content [J]. Acta Materialia, 1999, 47 (2): 517-528.

[85] Yoon J H, Im Y T, Kim N S. Rigid-thermoviscoplastic finite-element analysis of the semi-solid forging of Al2024 [J]. Journal of Materials Processing Technology, 1999, 90: 104-110.